公益財団法人 日本数学検定協会 監修

受かる！
数学検定

[過去問題集] 5級

The Mathematics Certification Institute
>> 5th Grade

改訂版

Gakken

はじめに

　実用数学技能検定の３〜５級は中学校で扱う数学の内容がもとになって出題されていますが，この範囲の内容は算数から数学へつなげるうえでも，社会との接点を考えるうえでもたいへん重要です。

　令和３年４月１日から全面実施された中学校学習指導要領では，数学的活動の３つの内容として，"日常の事象や社会の事象から問題を見いだし解決する活動""数学の事象から問題を見いだし解決する活動""数学的な表現を用いて説明し伝え合う活動"を挙げています。これらの活動を通して，数学を主体的に生活や学習に生かそうとしたり，問題解決の過程を評価・改善しようとしたりすることなどが求められているのです。

　実用数学技能検定は実用的な数学の技能を測る検定です。実用的な数学技能とは計算・作図・表現・測定・整理・統計・証明の７つの技能を意味しており，検定問題を通して提要された具体的な活用の場面が指導要領に示されている数学的活動とも結びつく内容になっています。また，３〜５級に対応する技能の概要でも社会生活と数学技能の関係性について言及しています。

　このように，実用数学技能検定では社会のなかで使われている数学の重要性を認識しながら問題を出題しており，なかでも３〜５級はその基礎的数学技能を評価するうえで重要な階級であると言えます。

　さて，実際に社会のなかで，３〜５級の内容がどんな場面で使われるのでしょうか。一次関数や二次方程式など単元別にみても，さまざまな分野で活用されているのですが，数学を学ぶことで，社会生活における基本的な考え方を身につけることができます。当協会ではビジネスにおける数学の力を把握力，分析力，選択力，予測力，表現力と定義しており，物事をちゃんと捉えて，何が起きているかを考え，それをもとにどうすればよりよい結果を得られるのか。そして，最後にそれらの考えを相手にわかりやすいように伝えるにはどうすればよいのかということにつながっていきます。

　こうしたことも考えながら問題にチャレンジしてみてもいいかもしれませんね。

公益財団法人 日本数学検定協会

(((数学検定5級を受検するみなさんへ)))

数学検定とは

実用数学技能検定(後援=文部科学省。対象:1〜11級)は,数学の実用的な技能(計算・作図・表現・測定・整理・統計・証明)を測る「記述式」の検定で,公益財団法人日本数学検定協会が実施している全国レベルの実力・絶対評価システムです。

検定の概要

1級,準1級,2級,準2級,3級,4級,5級,6級,7級,8級,9級,10級,11級,かず・かたち検定のゴールドスター,シルバースターの合計15階級があります。
1〜5級には,計算技能を測る「1次:計算技能検定」と数理応用技能を測る「2次:数理技能検定」があります。1次も2次も同じ日に行います。初めて受検するときは,1次・2次両方を受検します。
6級以下には,1次・2次の区分はありません。

○受検資格

原則として受検資格を問いません。

○受検方法

「個人受験」「提携会場受験」「団体受験」の3つの受験方法があります。
受験方法によって,検定日や検定料,受験できる階級や申し込み方法などが異なります。

くわしくは公式サイトでご確認ください。
https://www.su-gaku.net/suken/

○ 階級の構成

階級	検定時間	出題数	合格基準	目安となる程度
1級	**1次**：60分 **2次**：120分	**1次**：7問 **2次**：2題必須・ 5題より2題選択	**1次**： 全問題の 70%程度 **2次**： 全問題の 60%程度	大学程度・一般
準1級				高校3年生程度 （数学Ⅲ程度）
2級	**1次**：50分 **2次**：90分	**1次**：15問 **2次**：2題必須・ 5題より3題選択		高校2年生程度 （数学Ⅱ・数学B程度）
準2級		**1次**：15問 **2次**：10問		高校1年生程度 （数学Ⅰ・数学A程度）
3級	**1次**：50分 **2次**：60分	**1次**：30問 **2次**：20問		中学3年生程度
4級				中学2年生程度
5級				中学1年生程度
6級	50分	30問	全問題の 70%程度	小学6年生程度
7級				小学5年生程度
8級				小学4年生程度
9級	40分	20問		小学3年生程度
10級				小学2年生程度
11級				小学1年生程度
かず・かたち検定 ゴールドスター／シルバースター	40分	15問	10問	幼児

4

○ 合否の通知

検定試験実施から，約40日後を目安に郵送にて通知。
検定日の約3週間後に「数学検定」公式サイト (https://www.su-gaku.net/suken/) からの合格確認もできます。

○ 合格者の顕彰

【1～5級】

1次検定のみに合格すると計算技能検定合格証，
2次検定のみに合格すると数理技能検定合格証，
1次2次ともに合格すると実用数学技能検定合格証が発行されます。

【6～11級およびかず・かたち検定】

合格すると実用数学技能検定合格証，
不合格の場合は未来期待証が発行されます。

● 実用数学技能検定合格，計算技能検定合格，数理技能検定合格をそれぞれ認め，永続してこれを保証します。

○ 実用数学技能検定取得のメリット

◎ 高等学校卒業程度認定試験の必須科目「数学」が試験免除

実用数学技能検定2級以上取得で，文部科学省が行う高等学校卒業程度認定試験の「数学」が免除になります。

◎ 実用数学技能検定取得者入試優遇制度

大学・短期大学・高等学校・中学校などの一般・推薦入試における各優遇措置があります。学校によって優遇の内容が異なりますのでご注意ください。

◎ 単位認定制度

大学・高等学校・高等専門学校などで，実用数学技能検定の取得者に単位を認定している学校があります。

5級の検定内容は，下のような構造になっています。

G	H	I	特有問題
30%	30%	30%	10%

G (中学1年)

検定の内容

正の数・負の数を含む四則混合計算，文字を用いた式，一次式の加法・減法，一元一次方程式，基本的な作図，平行移動，対称移動，回転移動，空間における直線や平面の位置関係，扇形の弧の長さと面積，空間図形の構成，空間図形の投影・展開，柱体・錐体及び球の表面積と体積，直角座標，負の数を含む比例・反比例，度数分布とヒストグラム　など

技能の概要

▶ 社会で賢く生活するために役立つ基礎的数学技能

1. 負の数がわかり，社会現象の実質的正負の変化をグラフに表すことができる。
2. 基本的図形を正確に描くことができる。
3. 2つのものの関係変化を直線で表示することができる。

H (小学6年)

検定の内容

分数を含む四則混合計算，円の面積，円柱・角柱の体積，縮図・拡大図，対称性などの理解，基本的単位の理解，比の理解，比例や反比例の理解，資料の整理，簡単な文字と式，簡単な測定や計量の理解　など

技能の概要

▶ 身近な生活に役立つ算数技能

1. 容器に入っている液体などの計量ができる。
2. 地図上で実際の大きさや広さを算出することができる。
3. 2つのものの関係を比やグラフで表示することができる。
4. 簡単な資料の整理をしたり表にまとめたりすることができる。

I (小学5年)

検定の内容

整数や小数の四則混合計算，約数・倍数，分数の加減，三角形・四角形の面積，三角形・四角形の内角の和，立方体・直方体の体積，平均，単位量あたりの大きさ，多角形，図形の合同，円周の長さ，角柱・円柱，簡単な比例，基本的なグラフの表現，割合や百分率の理解　など

技能の概要

▶ 身近な生活に役立つ算数技能

1. コインの数や紙幣の枚数を数えることができ，金銭の計算や授受を確実に行うことができる。
2. 複数の物の数や量の比較を円グラフや帯グラフなどで表示することができる。
3. 消費税などを算出できる。

※アルファベットの下の表記は目安となる学年です。

6

1）当日の持ち物

持ち物 ＼ 階級	1〜5級		6〜8級	9〜11級	かず・かたち検定
	1次	2次			
受検証（写真貼付）※1	必須	必須	必須	必須	
鉛筆またはシャープペンシル（黒のHB・B・2B）	必須	必須	必須	必須	必須
消しゴム	必須	必須	必須	必須	必須
ものさし（定規）		必須	必須	必須	
コンパス		必須	必須		
分度器			必須		
電卓（算盤）※2		使用可			

※1　個人受検と提供会場受検のみ

※2　使用できる電卓の種類　○一般的な電卓　○関数電卓　○グラフ電卓
通信機能や印刷機能をもつもの，携帯電話・スマートフォン・電子辞書・パソコンなどの電卓機能は使用できません。

2）答案を書く上での注意

計算技能検定問題・数理技能検定問題とも書き込み式です。

答案は採点者にわかりやすいようにていねいに書いてください。特に，0と6，4と9，PとDとOなど，まぎらわしい数字・文字は，はっきりと区別できるように書いてください。正しく採点できない場合があります。

> **受検申込方法**

受検の申し込みには団体受検と個人受検があります。くわしくは，公式サイト（https://www.su-gaku.net/suken/）をご覧ください。

○個人受検の方法 ＞

個人受検できる検定日は，年3回です。検定日については公式サイト等でご確認ください。※9級，10級，11級は個人受検を実施しません。

● お申し込み後，検定日の約1週間前を目安に受検証を送付します。受検証に検定会場や時間が明記されています。

● 検定会場は全国の県庁所在地を目安に設置される予定です。（検定日によって設定される地域が異なりますのでご注意ください。）

● 一旦納入された検定料は，理由のいかんによらず返還，繰り越し等いたしません。

◎個人受検は次のいずれかの方法でお申し込みできます。

1) インターネットで申し込む

受付期間中に公式サイト (https://www.su-gaku.net/suken/) からお申し込みができます。詳細は，公式サイトをご覧ください。

2) LINEで申し込む

数検LINE公式アカウントからお申し込みができます。お申し込みには「友だち追加」が必要です。詳細は，公式サイトをご覧ください。

3) コンビニエンスストア設置の情報端末で申し込む

下記のコンビニエンスストアに設置されている情報端末からお申し込みができます。

- ● セブンイレブン「マルチコピー機」
- ● ローソン「Loppi」
- ● ファミリーマート「マルチコピー機」
- ● ミニストップ「MINISTOP Loppi」

4) 郵送で申し込む

①公式サイトからダウンロードした個人受検申込書に必要事項を記入します。

②検定料を郵便口座に振り込みます。

※郵便局へ払い込んだ際の領収書を受け取ってください。
※検定料の払い込みだけでは，申し込みとなりません。

郵便局振替口座：00130-5-50929
公益財団法人 日本数学検定協会

③下記宛先に必要なものを郵送します。

(1)受検申込書 (2)領収書・振込明細書 (またはそのコピー)

[宛先] 〒110-0005 東京都台東区上野5-1-1　文昌堂ビル4階
公益財団法人　日本数学検定協会　宛

デジタル特典 スマホで読める要点まとめ＋模擬検定問題

URL：https://gbc-library.gakken.jp/
ID：p3h98
パスワード：n7rfk93h

※「コンテンツ追加」から「ID」と「パスワード」をご入力ください。
※コンテンツの閲覧にはGakkenIDへの登録が必要です。IDとパスワードの無断転載・複製を禁じます。サイトアクセス・ダウンロード時の通信料はお客様のご負担になります。サービスは予告なく終了する場合があります。

受かる! 数学検定
過去問題集 5級
CONTENTS

《別冊》解答と解説
※巻末に,本冊と軽くのりづけされていますので,はずしてお使いください。

本書の特長と使い方

検定本番で100％の力を発揮するためには，検定問題の形式に慣れておく必要があります。本書は，実際に行われた過去の検定問題でリハーサルをして，実力の最終チェックができるようになっています。

本書で検定対策の総仕上げをして，自信をもって本番にのぞみましょう。

① 本番のつもりで過去問題を解く！

まず，巻末についている解答用紙をていねいに切り取って，氏名と受検番号（好きな番号でよい）を書きましょう。

問題は，検定本番のつもりで，時間を計って制限時間内に解くようにしましょう。 なお，制限時間は1次が50分，2次が60分です。

ミシン線にそって，ていねいに切り離そう。

② 解き終わったら，答え合わせ＆解説チェック！

問題を解き終わったら，解答用紙と別冊解答とを照らし合わせて，答え合わせをしましょう。

間違えた問題は解説をよく読んで，しっかり解き方を身につけましょう。同じミスを繰り返さないことが大切です。

なお，本書は別売の数学検定攻略問題集「受かる！ 数学検定5級」とリンクしているので，間違えた問題や不安な問題は，「受かる！ 数学検定5級」でくわしく学習することもできます。重点的に弱点を克服したり，類題を解いたりして，レベルアップに役立てましょう。

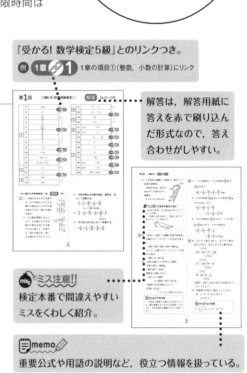

『受かる! 数学検定5級』とのリンクつき。

例 1章 ✐1 1章の項目①（整数，小数の計算）にリンク

解答は，解答用紙に答えを赤で刷り込んだ形式なので，答え合わせがしやすい。

mis ※ミス注意!!
検定本番で間違えやすいミスをくわしく紹介。

📝memo✐
重要公式や用語の説明など，役立つ情報を扱っている。

実用数学技能検定

５級

1次：計算技能検定

［検定時間］
50分

——— 検定上の注意 ———

1. 自分が受検する階級の問題用紙であるか確認してください。

2. 検定開始の合図があるまで問題用紙を開かないでください。

3. この表紙の右下の欄に，氏名・受検番号を書いてください。

4. 解答用紙の氏名・受検番号・生年月日の記入欄は，もれのないように書いてください。

5. 解答用紙には答えだけを書いてください。

6. 答えが分数になるとき，約分してもっとも簡単な分数にしてください。

7. 電卓・ものさし・コンパスを使用することはできません。

8. 携帯電話は電源を切り，検定中に使用しないでください。

9. 問題用紙に乱丁・落丁がありましたら検定監督官に申し出てください。

10. 出題内容に関する事項を当協会の許可なくインターネットなどの不特定多数が閲覧できるような所に掲載することを固く禁じます。

11. 検定終了後，この問題用紙は解答用紙と一緒に回収します。必ず検定監督官に提出してください。

※検定上の注意は，実際の検定問題用紙に書かれている内容をそのまま掲載しています。

氏　名		受検番号	―

公益財団法人 日本数学検定協会

1 次の計算をしなさい。

(1) 0.28×6.8

(2) $9.01 \div 5.3$

(3) $\dfrac{2}{3} + \dfrac{1}{5}$

(4) $\dfrac{5}{6} - \dfrac{1}{12}$

(5) $3\dfrac{3}{20} \times \dfrac{2}{15}$

(6) $\dfrac{7}{12} \div 1\dfrac{5}{9}$

(7) $\dfrac{7}{10} \times 1\dfrac{1}{14} \div \dfrac{27}{32}$

(8) $84 \times \left(\dfrac{7}{12} - \dfrac{10}{21} \right)$

(9) $9 - (-3) - 18$

(10) $(-3)^2 + (-4)^3$

(11) $-8x + 2 - (-3x + 1)$

(12) $0.7(6x - 1) + 1.4(8x - 2)$

2　次の（　）の中の数の最大公約数を求めなさい。

(13)　(16, 36)

(14)　(54, 108, 126)

3　次の（　）の中の数の最小公倍数を求めなさい。

(15)　(14, 49)

(16)　(3, 15, 21)

4　次の比をもっとも簡単な整数の比にしなさい。

(17)　63 : 36

(18)　$\dfrac{3}{8} : \dfrac{7}{12}$

5　次の式の□にあてはまる数を求めなさい。

(19)　3 : 4 = 12 : □

(20)　0.8 : 3.6 = 26 : □

6　次の方程式を解きなさい。

(21)　$9x - 7 = 7x - 15$

(22)　$\dfrac{2x - 3}{5} = \dfrac{9x + 5}{4}$

7　次の問いに答えなさい。

⑳　下の点数は，あおいさんの小テストの点数です。平均は何点ですか。

　　　10点，8点，8点，10点，9点

㉔　五角柱の面の数を答えなさい。

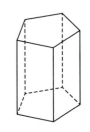

㉕　右の図は，直線 AB を対称の軸とする線対称な図形の一部です。この図形が線対称な図形となるように，もう1つの頂点の位置を決めます。頂点となる点はどれですか。ア～エの中から1つ選びなさい。

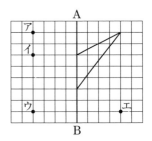

㉖　下のデータについて，最頻値を求めなさい。

　　　2，4，4，4，5，8，8，9

㉗　$x = -7$ のとき，$3x-5$ の値を求めなさい。

㉘　y は x に比例し，$x = -6$ のとき $y = 54$ です。y を x を用いて表しなさい。

㉙　y は x に反比例し，$x = -6$ のとき $y = 3$ です。$x = 2$ のときの y の値を求めなさい。

㉚　右の図の △ABC において，線分 AH は辺 BC を底辺としたときの高さです。底辺と高さが垂直であることを，点を表す記号と記号 ⊥ を用いて表しなさい。

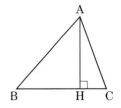

実用数学技能検定

5級

2次：数理技能検定

［検定時間］
60分

検定上の注意

1. 自分が受検する階級の問題用紙であるか確認してください。
2. 検定開始の合図があるまで問題用紙を開かないでください。
3. この表紙の右下の欄に，氏名・受検番号を書いてください。
4. 解答用紙の氏名・受検番号・生年月日の記入欄は，もれのないように書いてください。
5. 解答用紙には答えだけを書いてください。答えと解き方が指示されている場合は，その指示にしたがってください。
6. 答えが分数になるとき，約分してもっとも簡単な分数にしてください。
7. 電卓を使用することができます。
8. 携帯電話は電源を切り，検定中に使用しないでください。
9. 問題用紙に乱丁・落丁がありましたら検定監督官に申し出てください。
10. 出題内容に関する事項を当協会の許可なくインターネットなどの不特定多数が閲覧できるような所に掲載することを固く禁じます。
11. 検定終了後，この問題用紙は解答用紙と一緒に回収します。必ず検定監督官に提出してください。

※検定上の注意は，実際の検定問題用紙に書かれている内容をそのまま掲載しています。

氏　名		受検番号	—

公益財団法人 日本数学検定協会

1 ， ， ， ， のカードが1枚ずつあります。この5枚のカードから何枚かを選んで横1列に並べ，整数をつくります。このときにできる整数について，次の問いに答えなさい。

(1) 3枚を選んでできる3けたの整数のうち，もっとも大きい偶数を書きなさい。

(2) 4枚を選んでできる4けたの整数のうち，もっとも小さい奇数を書きなさい。

2 下の図形の色をぬった部分の面積は，それぞれ何 cm² ですか。単位をつけて答えなさい。　　　　　　　　　　　　　　　　　　（測定技能）

(3) 平行四辺形

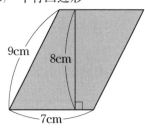

(4) 三角形

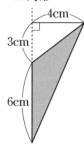

3 　グレープフルーツがいくつか入った箱があります。すすむさんが，箱の中から4個のグレープフルーツを取り出して重さを量ったところ，それぞれ 246g，256g，236g，250g でした。次の問いに答えなさい。

(5)　取り出した4個のグレープフルーツの重さの平均は何 g ですか。単位をつけて答えなさい。

(6)　箱の中に入っているグレープフルーツ全体の重さは 8650g でした。グレープフルーツ1個あたりの重さを(5)で求めた重さとすると，箱に入っているグレープフルーツの個数は何個ですか。答えは小数第1位を四捨五入して，整数で求めなさい。

4 　はるとさんの家で，ネコを4匹飼っています。名前をレオ，ソラ，ムギ，モモといいます。レオの体重は $4\frac{2}{3}$ kg です。次の問いに答えなさい。

(7)　ソラの体重は，レオの体重の $1\frac{1}{8}$ 倍です。ソラの体重は何 kg ですか。単位をつけて答えなさい。

(8)　ムギの体重は $3\frac{1}{2}$ kg です。ムギの体重は，レオの体重の何倍ですか。

(9)　レオの体重は，モモの体重の $2\frac{1}{3}$ 倍です。モモの体重は何 kg ですか。単位をつけて答えなさい。

5　みおさんの学校の生徒の人数について，次の問いに答えなさい。

(10)　男子の人数は234人，女子の人数は216人です。男子と女子の人数の比をもっとも簡単な整数の比で表しなさい。

(11)　演劇部に所属している生徒と美術部に所属している生徒の人数の比は5：3で，演劇部の生徒の人数は35人です。美術部の生徒の人数は何人ですか。

(12)　バスケットボール部に所属している生徒の人数は40人で，男子と女子の人数の比は2：3です。バスケットボール部の女子の人数は何人ですか。

6　まさるさんは妹より4歳年上です。まさるさんの年齢を x 歳として，次の問いに答えなさい。

(13)　妹の年齢は何歳ですか。x を用いて表しなさい。　　　　（表現技能）

(14)　2人の年齢の和は26歳です。まさるさんの年齢は何歳ですか。x を用いた方程式をつくり，それを解いて答えなさい。この問題は，計算の途中の式と答えを書きなさい。

7　下の表は，y が x に反比例する関係を表しています。次の問いに答えなさい。

x	$\cdots$	-3	-2	-1	0	1	2	3	$\cdots$
y	$\cdots$	8	12	24	$\times$	-24	-12	-8	$\cdots$

(15)　y を x を用いて表しなさい。　　　　　　　　　　（表現技能）

(16)　$x=-6$ のときの y の値を求めなさい。

8　右の図のような，底面が1辺6cmの正方形で，高さが5cmの正四角錐 OABCD があります。次の問いに答えなさい。

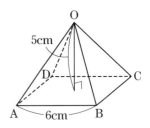

(17)　辺 AB とねじれの位置にある辺はどれですか。すべて答えなさい。

(18)　体積は何 cm³ ですか。単位をつけて答えなさい。この問題は，計算の途中の式と答えを書きなさい。　　　　　　　　　　（測定技能）

9　青森県のりんごは，どの品種も5月頃に開花し受粉して，やがて実がなり，収穫を迎えます。下の図は，A～Hの品種について，主な収穫時期をまとめたもので，▨が収穫時期を表しています。次の問いに答えなさい。

（整理技能）

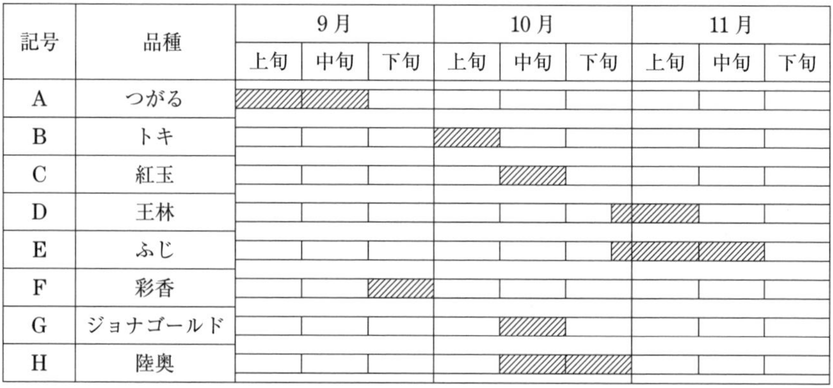

記号	品種	9月			10月			11月		
		上旬	中旬	下旬	上旬	中旬	下旬	上旬	中旬	下旬
A	つがる	▨	▨							
B	トキ				▨					
C	紅玉					▨				
D	王林							▨		
E	ふじ							▨	▨	
F	彩香		▨							
G	ジョナゴールド					▨				
H	陸奥					▨	▨			

（青森県弘前市のウェブサイトより抜粋）

⑲　C（紅玉），D（王林），H（陸奥）を一緒に栽培すると，全体の収穫時期はいつからいつまでになりますか。解答用紙の空欄をうめなさい。

⑳　できるだけ少ない品種で，9月上旬から11月中旬まで収穫が途切れなく続くようにするには，どの品種を一緒に栽培すればよいですか。栽培する品種をすべて選び，記号で答えなさい。

第2回　　実用数学技能検定　過去問題

5級

1次：計算技能検定

［検定時間］
50分

検定上の注意

1. 自分が受検する階級の問題用紙であるか確認してください。
2. 検定開始の合図があるまで問題用紙を開かないでください。
3. この表紙の右下の欄に，氏名・受検番号を書いてください。
4. 解答用紙の氏名・受検番号・生年月日の記入欄は，もれのないように書いてください。
5. 解答用紙には答えだけを書いてください。
6. 答えが分数になるとき，約分してもっとも簡単な分数にしてください。
7. 電卓・ものさし・コンパスを使用することはできません。
8. 携帯電話は電源を切り，検定中に使用しないでください。
9. 問題用紙に乱丁・落丁がありましたら検定監督官に申し出てください。
10. 出題内容に関する事項を当協会の許可なくインターネットなどの不特定多数が閲覧できるような所に掲載することを固く禁じます。
11. 検定終了後，この問題用紙は解答用紙と一緒に回収します。必ず検定監督官に提出してください。

※検定上の注意は，実際の検定問題用紙に書かれている内容をそのまま掲載しています。

氏　名		受検番号	―

公益財団法人 日本数学検定協会

〔5級〕　1次：計算技能検定

1 次の計算をしなさい。

(1)　278×6.84

(2)　$4.37 \div 2.3$

(3)　$\dfrac{9}{20} + \dfrac{1}{12}$

(4)　$\dfrac{3}{5} - \dfrac{2}{7}$

(5)　$1\dfrac{1}{14} \times \dfrac{2}{5}$

(6)　$\dfrac{21}{40} \div 1\dfrac{1}{6}$

(7)　$1\dfrac{13}{15} \times 3\dfrac{3}{14} \div \dfrac{12}{13}$

(8)　$\dfrac{25}{84} \div \left(1\dfrac{1}{15} - \dfrac{13}{20}\right)$

(9)　$-2 - (-17) + 6$

(10)　$5 \times (-2)^3$

(11)　$-4x + 7 - (-x + 9)$

(12)　$0.3(6x - 2) + 1.4(7x - 8)$

2　次の（　）の中の数の最大公約数を求めなさい。

(13)　（20，28）

(14)　（24，60，84）

3　次の（　）の中の数の最小公倍数を求めなさい。

(15)　（10，12）

(16)　（4，20，24）

4　次の比をもっとも簡単な整数の比にしなさい。

(17)　72：56

(18)　$\dfrac{7}{15} : \dfrac{14}{27}$

5　次の式の□にあてはまる数を求めなさい。

(19)　$8 : 7 = □ : 21$

(20)　$8 : 4.8 = 35 : □$

6　次の方程式を解きなさい。

(21)　$-10x + 8 = -3x + 22$

(22)　$\dfrac{3x-1}{4} = \dfrac{4x+3}{5}$

7 次の問いに答えなさい。

⑵⑶ 下の点数は，たろうさんが受けた計算テストの結果です。平均は何点ですか。

6点，9点，3点，4点，8点

⑵⑷ 六角柱の辺の数を答えなさい。

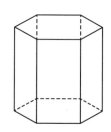

⑵⑸ 右の図で，四角形EFGHが四角形ABCDの2倍の拡大図になるように点Eの位置を決めます。点Eとなる点はどれですか。ア～エの中から1つ選びなさい。

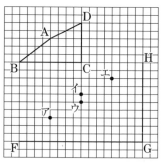

⑵⑹ 下のデータについて，中央値を求めなさい。

4, 4, 5, 6, 7, 7, 7, 8

⑵⑺ $x=-7$ のとき，$-9x-4$ の値を求めなさい。

⑵⑻ y は x に比例し，$x=-3$ のとき $y=27$ です。$x=5$ のときの y の値を求めなさい。

⑵⑼ y は x に反比例し，$x=-6$ のとき $y=-9$ です。y を x を用いて表しなさい。

⑶⑩ 右の図の平行四辺形ABCDにおいて，2組の向かい合う角の大きさが等しいことを，頂点を表す記号と，記号∠，＝を用いて表しなさい。

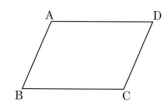

実用数学技能検定

5級

2次：数理技能検定

［検定時間］
60分

── 検定上の注意 ──

1. 自分が受検する階級の問題用紙であるか確認してください。

2. 検定開始の合図があるまで問題用紙を開かないでください。

3. この表紙の右下の欄に，氏名・受検番号を書いてください。

4. 解答用紙の氏名・受検番号・生年月日の記入欄は，もれのないように書いてください。

5. 解答用紙には答えだけを書いてください。答えと解き方が指示されている場合は，その指示にしたがってください。

6. 答えが分数になるとき，約分してもっとも簡単な分数にしてください。

7. 電卓を使用することができます。

8. 携帯電話は電源を切り，検定中に使用しないでください。

9. 問題用紙に乱丁・落丁がありましたら検定監督官に申し出てください。

10. 出題内容に関する事項を当協会の許可なくインターネットなどの不特定多数が閲覧できるような所に掲載することを固く禁じます。

11. 検定終了後，この問題用紙は解答用紙と一緒に回収します。必ず検定監督官に提出してください。

※検定上の注意は，実際の検定問題用紙に書かれている内容をそのまま掲載しています。

氏 名		受検番号	―

公益財団法人 日本数学検定協会

1　整数について，次の問いに答えなさい。

(1)　1から25までの整数のうち，奇数は何個ありますか。

(2)　下の①～④の中から，正しいものをすべて選びなさい。

①　6の倍数はすべて偶数である。
②　7の倍数はすべて奇数である。
③　8の約数はすべて偶数である。
④　9の約数はすべて奇数である。

2　下の立体の体積は，それぞれ何cm³ですか。単位をつけて答えなさい。
（測定技能）

(3)　立方体

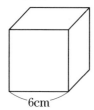

6cm

(4)　直方体を組み合わせた立体

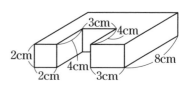

3cm　4cm
2cm
4cm
2cm　3cm　8cm

3 　さくらさんの中学校で部活動を行っている生徒数は260人です。次の問いに答えなさい。

(5)　野球部に入っている生徒数は，部活動を行っている生徒数の15％です。野球部に入っている生徒数は何人ですか。

(6)　運動部に入っている生徒数は182人です。運動部に入っている生徒数は，部活動を行っている生徒数の何％ですか。

4 　白，黒，赤のひもがあります。白のひもの長さは$2\frac{2}{3}$m です。次の問いに答えなさい。

(7)　白のひもを$\frac{8}{9}$m ずつに切り分けると，何本になりますか。

(8)　黒のひもの長さは，白のひもの長さの$\frac{3}{10}$倍です。黒のひもの長さは何 m ですか。単位をつけて答えなさい。

(9)　赤のひもの長さは$\frac{4}{15}$m です。赤のひもの長さは，白のひもの長さの何倍ですか。

27

5 　オーストラリアのカンガルー金貨の中でもっとも大きいものは，世界最大の硬貨であるといわれており，直径が 80cm の円の形をしています。日本の 1 円硬貨は，直径が 20mm の円の形です。次の問いに答えなさい。ただし，円周率は 3.14 とします。

(10)　カンガルー金貨の面積は何 cm² ですか。単位をつけて答えなさい。

（測定技能）

(11)　カンガルー金貨の面積は，1 円硬貨の面積の何倍ですか。

6 　ひろしさんは，プリンを買うために洋菓子店へ行きました。プリン 1 個の値段を x 円として，次の問いに答えなさい。ただし，消費税は値段に含まれているので考える必要はありません。

(12)　プリンを 7 個買うとき，持っているお金では 50 円たりません。ひろしさんが持っているお金は何円ですか。x を用いて表しなさい。

（表現技能）

(13)　プリンを 6 個買うとき，持っているお金では 70 円あまります。ひろしさんが持っているお金は何円ですか。x を用いて表しなさい。

（表現技能）

(14)　(12)，(13)のとき，プリン 1 個の値段は何円ですか。x を用いた方程式をつくり，それを解いて求め，単位をつけて答えなさい。この問題は，計算の途中の式と答えを書きなさい。

7 関数について，次の問いに答えなさい。

⒂ y が x の関数であるものはどれですか。下の①～④の中から1つ選びなさい。
① 底辺が x cm の三角形の面積は y cm² である。
② 1辺が x cm のひし形の周の長さは y cm である。
③ 身長が x cm の人の体重は y kg である。
④ お金を x 円使ったときの残りのお金は y 円である。

⒃ ⒂で選んだものについて，$x=3$ のときの y の値を求めなさい。この問題は，計算の途中の式と答えを書きなさい。

8 下の表は，あるボタンを繰り返し投げ，表向きになった回数と相対度数についてまとめたものです。次の問いに答えなさい。

ボタンが表向きになった回数と相対度数

投げた回数(回)	50	100	1000	3000	5000	7000
表向きの回数(回)	18	45	389	1215	2010	2800
表向きの相対度数	0.360	0.450	0.389	0.405	㋐	0.400

⒄ ㋐にあてはまる数を求めなさい。

⒅ ボタンを投げる回数を増やしたとき，表向きになる相対度数はどのように変化しますか。下の①～⑤の中から正しいものを1つ選びなさい。
① 相対度数はばらつきが小さくなり，その値は 0.5 に近づく。
② 相対度数はばらつきが小さくなり，その値は 0.4 に近づく。
③ 相対度数はばらつきがなく，その値は 0.5 で一定である。
④ 相対度数はばらつきがなく，その値は 0.4 で一定である。
⑤ 相対度数は大きくなったり小さくなったりして，一定の値には近づかない。

9 　ある整数 A について，それぞれの位の数を2乗してたした値を【A】と表すこととします。たとえば，整数 A が 204 のとき

$$【204】= 2^2 + 0^2 + 4^2 = 20$$

となります。次の問いに答えなさい。　　　　　　　　　　　　　（整理技能）

⒆　【109】の値を求めなさい。

⒇　【【37】】の値を求めなさい。

実用数学技能検定

５級

1次：計算技能検定

［検定時間］
50分

検定上の注意

1. 自分が受検する階級の問題用紙であるか確認してください。

2. 検定開始の合図があるまで問題用紙を開かないでください。

3. この表紙の右下の欄に，氏名・受検番号を書いてください。

4. 解答用紙の氏名・受検番号・生年月日の記入欄は，もれのないように書いて
   ください。

5. 解答用紙には答えだけを書いてください。

6. 答えが分数になるとき，約分してもっとも簡単な分数にしてください。

7. 電卓・ものさし・コンパスを使用することはできません。

8. 携帯電話は電源を切り，検定中に使用しないでください。

9. 問題用紙に乱丁・落丁がありましたら検定監督官に申し出てください。

10. 出題内容に関する事項を当協会の許可なくインターネットなどの不特定多数
    が閲覧できるような所に掲載することを固く禁じます。

11. 検定終了後，この問題用紙は解答用紙と一緒に回収します。必ず検定監督官
    に提出してください。

※検定上の注意は，実際の検定問題用紙に書かれている内容をそのまま掲載しています。

氏　名		受検番号	―

公益財団法人 日本数学検定協会

〔5級〕　1次：計算技能検定

1 次の計算をしなさい。

(1)　609×0.53

(2)　$8.64 \div 2.4$

(3)　$\dfrac{1}{2} + \dfrac{9}{10}$

(4)　$\dfrac{2}{5} - \dfrac{1}{4}$

(5)　$\dfrac{2}{3} \times \dfrac{9}{14}$

(6)　$\dfrac{7}{8} \div \dfrac{7}{18}$

(7)　$\dfrac{55}{63} \times 1\dfrac{1}{6} \div 1\dfrac{1}{9}$

(8)　$\dfrac{15}{19} \times \left(\dfrac{13}{15} - \dfrac{2}{3} \right)$

(9)　$-13 - (-19) + 2$

(10)　$27 \div (-3^2)$

(11)　$9x - 7 - (6x - 5)$

(12)　$0.9(2x - 7) + 0.4(-8x + 5)$

2　次の（　）の中の数の最大公約数を求めなさい。

(13)　(9, 21)

(14)　(16, 24, 48)

3　次の（　）の中の数の最小公倍数を求めなさい。

(15)　(12, 14)

(16)　(10, 20, 25)

4　次の比をもっとも簡単な整数の比にしなさい。

(17)　8 : 28

(18)　$\dfrac{5}{6} : \dfrac{7}{9}$

5　次の式の□にあてはまる数を求めなさい。

(19)　3 : 16 ＝ □ : 48

(20)　0.6 : 3.3 ＝ 10 : □

6　次の方程式を解きなさい。

(21)　$2x + 3 = 5x - 12$

(22)　$\dfrac{3x+1}{4} = \dfrac{5x-3}{8}$

7　次の問いに答えなさい。

(23)　下の長さは，さとしさんのハンドボール投げの記録です。平均は何 m ですか。

　　　30m，32m，32m，28m，33m

(24)　七角柱の頂点の数を答えなさい。

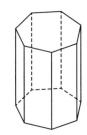

(25)　右の図は，直線 AB を対称の軸とする線対称な図形の一部です。この図形が線対称な図形となるように，もう1つの頂点の位置を決めます。頂点となる点はどれですか。ア～エの中から1つ選びなさい。

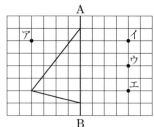

(26)　下のデータについて，最頻値を求めなさい。

　　　1，3，4，6，7，7，9，10

(27)　$x=-8$ のとき，$4x+9$ の値を求めなさい。

(28)　y は x に比例し，$x=7$ のとき $y=-21$ です。y を x を用いて表しなさい。

(29)　y は x に反比例し，$x=-3$ のとき $y=8$ です。$x=6$ のときの y の値を求めなさい。

(30)　右の図で，△ABC と △DCE は合同で，点 B，C，E は一直線上にあります。このとき，△ABC を平行移動させて △DCE に重ね合わせるには，矢印の向きに何 cm 平行移動させればよいですか。

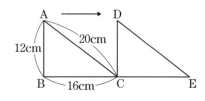

5級

2次：数理技能検定

[検定時間]
60分

検定上の注意

1. 自分が受検する階級の問題用紙であるか確認してください。
2. 検定開始の合図があるまで問題用紙を開かないでください。
3. この表紙の右下の欄に，氏名・受検番号を書いてください。
4. 解答用紙の氏名・受検番号・生年月日の記入欄は，もれのないように書いてください。
5. 解答用紙には答えだけを書いてください。答えと解き方が指示されている場合は，その指示にしたがってください。
6. 答えが分数になるとき，約分してもっとも簡単な分数にしてください。
7. 電卓を使用することができます。
8. 携帯電話は電源を切り，検定中に使用しないでください。
9. 問題用紙に乱丁・落丁がありましたら検定監督官に申し出てください。
10. 出題内容に関する事項を当協会の許可なくインターネットなどの不特定多数が閲覧できるような所に掲載することを固く禁じます。
11. 検定終了後，この問題用紙は解答用紙と一緒に回収します。必ず検定監督官に提出してください。

※検定上の注意は，実際の検定問題用紙に書かれている内容をそのまま掲載しています。

氏　名		受検番号	―

公益財団法人 日本数学検定協会

(許可なしに転載・複製することを禁じます。)

〔5級〕　　2次：数理技能検定

1　　自由研究で海水を煮詰めて塩をとり出す実験をしたところ，1Lの海水から26.5gの塩がとれました。次の問いに単位をつけて答えなさい。

(1)　4.8Lの海水からは何gの塩がとれますか。

(2)　530gの塩をとり出すためには，海水は何L必要ですか。

2　　右の図の三角柱について，次の問いに答えなさい。

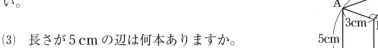

(3)　長さが5cmの辺は何本ありますか。

(4)　底面に垂直な辺をすべて答えなさい。

3　　次の問いに答えなさい。

(5)　はるきさんが，家から公園まで分速80mで歩くと，12分かかります。はるきさんの家から公園までの道のりは何mですか。単位をつけて答えなさい。

(6)　まさとさんは，5kmの道のりを20分で走りました。まさとさんの走る速さは時速何kmですか。

4 　みさきさんは，父，母，弟，妹の5人で，右の図のような5人乗りの自動車で出かけます。運転ができるのは父と母なので，2人のどちらかが運転席に座ります。次の問いに答えなさい。

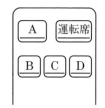

(7) 　父が運転席，母がAの席に座るとき，5人の座り方は何通りありますか。

(8) 　母が運転席に座るとき，5人の座り方は何通りありますか。

(9) 　5人の座り方は全部で何通りありますか。

5 　縮尺が$\dfrac{1}{25000}$である地図について，次の問いに単位をつけて答えなさい。

（測定技能）

(10) 　実際の距離が5750mである長さをこの地図上に表すと，何cmになりますか。

(11) 　この地図上で5cmの距離は，実際は何kmですか。

6　ある洋菓子店では，プリン1個が230円，マフィン1個が350円で売られています。ももえさんは，プリンとマフィンを合わせて10個買いました。ももえさんが買ったプリンの個数を x 個として，次の問いに答えなさい。ただし，消費税は値段に含まれているので，考える必要はありません。

(12)　ももえさんが買ったマフィンの個数は何個ですか。x を用いて表しなさい。

(表現技能)

(13)　ももえさんが払った代金は2780円でした。ももえさんが買ったプリンとマフィンの個数は，それぞれ何個ですか。x を用いた方程式をつくり，それを解いて求めなさい。この問題は，計算の途中の式と答えを書きなさい。

(14)　プリンとマフィンを買ったときの会計について，
$5000-(230a+350b) \geqq 1500$ は，どのような関係を表していますか。下の㋐〜㋔の中から1つ選びなさい。

㋐　プリンを a 個，マフィンを b 個買うときに5000円を出すと，おつりは1500円である。

㋑　プリンを a 個，マフィンを b 個買うときに5000円を出すと，おつりは1500円以上である。

㋒　プリンを a 個，マフィンを b 個買うときに5000円を出すと，おつりは1500円以下である。

㋓　プリンを a 個，マフィンを b 個買うときに5000円を出すと，おつりは1500円より多い。

㋔　プリンを a 個，マフィンを b 個買うときに5000円を出すと，おつりは1500円より少ない。

7　右の図のように，関数 $y = ax$ のグラフと 関数 $y = \dfrac{24}{x}$ のグラフが，x 座標が -6 であ る点 A で交わっています。関数 $y = ax$ のグ ラフ上に x 座標が -8 である点 B をとると き，次の問いに答えなさい。

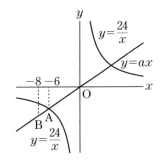

⒂　点 A の座標を求めなさい。

⒃　a の値を求めなさい。

⒄　点 B の座標を求めなさい。

8　右の図のように，直線 ℓ と ℓ 上にない点 P が あります。次の問いに答えなさい。

P•

ℓ ————————————

⒅　点 P を通り，直線 ℓ に垂直な直線を，下の 〈注〉にしたがって作図しなさい。作図をする代 わりに，作図の方法を言葉で説明してもかまい ません。

（作図技能）

〈注〉　ⓐ　コンパスとものさしを使って作図してください。ただし，ものさしは 直線を引くことだけに用いてください。

ⓑ　コンパスの線は，はっきりと見えるようにかいてください。コンパス の針をさした位置に，•の印をつけてください。

ⓒ　作図に用いた線を消さないで残しておき，線を引いた順に①，②，③， …の番号を書いてください。

9 　下の図のように，1辺が100mの正方形からなるます目があります。線は道路を表し，交点は交差点を表しています。⑥，⑥，⑤の交差点の近くに，あゆみさん，いつきさん，うめかさんの家がそれぞれあります。

　3人は一緒に遊ぶためにどこかの交差点に集合することにしました。3人はそれぞれ⑥〜⑤の交差点を出発し，集合場所まで道路に沿って，道のりがもっとも短くなるように歩きます。たとえば，交差点Pを集合場所とすると，交差点Pまであゆみさんは400m，いつきさんは300m，うめかさんは300m歩きます。

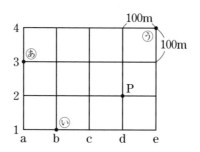

　3人の集合場所を決めるとき，次の問いに答えなさい。ただし，図のように縦の道をa〜eで表し，横の道を1〜4で表すものとし，交差点の位置を記号と番号を用いて表します。たとえば，交差点Pは「d2」と表されます。

(整理技能)

⒆　あゆみさんは，3人のうち，どの人も歩く道のりが300m以下になる交差点を集合場所にしようと考えました。この考えによると，集合場所となりうる交差点はいくつかあります。それらの交差点の位置をすべて求め，記号と番号で表しなさい。

⒇　いつきさんは，3人の歩く道のりの合計がもっとも短くなる交差点を集合場所にしようと考えました。この考えによると，集合場所となる交差点はどこですか。その位置を記号と番号で表しなさい。また，そのときの3人の歩く道のりの合計は何mですか。

実用数学技能検定

5級

1次：計算技能検定

[検定時間]
50分

検定上の注意 ———

1. 自分が受検する階級の問題用紙であるか確認してください。
2. 検定開始の合図があるまで問題用紙を開かないでください。
3. この表紙の右下の欄に，氏名・受検番号を書いてください。
4. 解答用紙の氏名・受検番号・生年月日の記入欄は，もれのないように書いてください。
5. 解答用紙には答えだけを書いてください。
6. 答えが分数になるとき，約分してもっとも簡単な分数にしてください。
7. 電卓・ものさし・コンパスを使用することはできません。
8. 携帯電話は電源を切り，検定中に使用しないでください。
9. 問題用紙に乱丁・落丁がありましたら検定監督官に申し出てください。
10. 出題内容に関する事項を当協会の許可なくインターネットなどの不特定多数が閲覧できるような所に掲載することを固く禁じます。
11. 検定終了後，この問題用紙は解答用紙と一緒に回収します。必ず検定監督官に提出してください。

※検定上の注意は，実際の検定問題用紙に書かれている内容をそのまま掲載しています。

氏　名		受検番号	－

公益財団法人 日本数学検定協会

1 次の計算をしなさい。

(1) 219×3.74

(2) $97.2 \div 7.2$

(3) $\dfrac{1}{3} + \dfrac{2}{5}$

(4) $\dfrac{8}{9} - \dfrac{5}{6}$

(5) $\dfrac{18}{35} \times 1\dfrac{5}{9}$

(6) $\dfrac{8}{13} \div \dfrac{16}{39}$

(7) $1\dfrac{2}{5} \div \dfrac{4}{5} \times \dfrac{16}{21}$

(8) $\dfrac{1}{12} \div \left(\dfrac{1}{4} + \dfrac{2}{3} \right)$

(9) $-10 + 19 - (-5)$

(10) $-2^4 \times (-3)^2$

(11) $3(7x - 4) - 2(9x - 5)$

(12) $\dfrac{8x - 5}{2} + \dfrac{4x + 3}{7}$

2　次の（　）の中の数の最大公約数を求めなさい。

(13)　（27, 45）

(14)　（48, 64, 112）

3　次の（　）の中の数の最小公倍数を求めなさい。

(15)　（21, 28）

(16)　（24, 36, 60）

4　次の比をもっとも簡単な整数の比にしなさい。

(17)　$21 : 56$

(18)　$\dfrac{2}{5} : \dfrac{1}{4}$

5　次の式の□にあてはまる数を求めなさい。

(19)　$9 : 2 = 36 : \square$

(20)　$1.2 : 2 = \square : 15$

6　次の方程式を解きなさい。

(21)　$15x - 14 = 11x + 18$

(22)　$2x + 0.5 = 1.3x - 1.6$

7 次の問いに答えなさい。

⑶ 下の点数は，はるおさんが受けたテストの結果です。平均は何点ですか。

65点，71点，80点，55点，89点

⑷ 六角柱の辺の数を答えなさい。

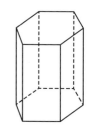

⑸ 右の図で，△DEF が △ABC の2倍の拡大図になるように，点 D の位置を決めます。点 D となる点はどれですか。ア～オの中から1つ選びなさい。

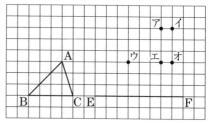

⑹ 下のデータについて，最頻値を求めなさい。

1，2，3，3，4，5，7，9

⑺ $x=-6$ のとき，$-3x-2$ の値を求めなさい。

⑻ y は x に比例し，$x=-6$ のとき $y=12$ です。y を x を用いて表しなさい。

⑼ y は x に反比例し，$x=-4$ のとき $y=10$ です。$x=8$ のときの y の値を求めなさい。

⑽ 右の図で，△DEF は △ABC を矢印の方向に平行移動したものです。このときの移動の距離は何 cm ですか。

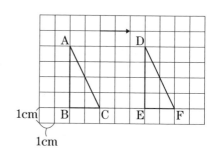

実用数学技能検定

5級

2次：数理技能検定

[検定時間]
60分

検定上の注意

1. 自分が受検する階級の問題用紙であるか確認してください。
2. 検定開始の合図があるまで問題用紙を開かないでください。
3. この表紙の右下の欄に，氏名・受検番号を書いてください。
4. 解答用紙の氏名・受検番号・生年月日の記入欄は，もれのないように書いてください。
5. 解答用紙には答えだけを書いてください。答えと解き方が指示されている場合は，その指示にしたがってください。
6. 答えが分数になるとき，約分してもっとも簡単な分数にしてください。
7. 電卓を使用することができます。
8. 携帯電話は電源を切り，検定中に使用しないでください。
9. 問題用紙に乱丁・落丁がありましたら検定監督官に申し出てください。
10. 出題内容に関する事項を当協会の許可なくインターネットなどの不特定多数が閲覧できるような所に掲載することを固く禁じます。
11. 検定終了後，この問題用紙は解答用紙と一緒に回収します。必ず検定監督官に提出してください。

※検定上の注意は，実際の検定問題用紙に書かれている内容をそのまま掲載しています。

氏　名		受検番号	ー

公益財団法人 日本数学検定協会

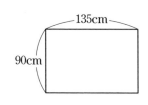

1　右の図のような，縦が90cm，横が135cmの長方形の紙があります。この紙を，あまりが出ないように同じ大きさの正方形に切り分けます。できるだけ大きい正方形に切り分けるとき，次の問いに答えなさい。

(1)　正方形の１辺の長さを何cmにすればよいですか。
単位をつけて答えなさい。

(2)　正方形は全部で何枚できますか。

2　下の図形の面積は，それぞれ何cm²ですか。単位をつけて答えなさい。
（測定技能）

(3)　平行四辺形

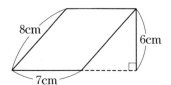

(4)　三角形

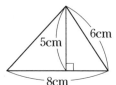

3 　しょうたさんはバスケットボールの大会で6試合に出場しました。しょうたさんが決めた得点について，1試合めから5試合めまでの合計得点は104点で，6試合の得点の平均は21.5点でした。次の問いに答えなさい。

(5)　1試合めから5試合めまでの得点の平均は何点ですか。

(6)　6試合めの得点は何点ですか。

4 　さとこさんは，ある分数を$\dfrac{15}{22}$でわるところを，間違えて$\dfrac{15}{22}$をかけてしまったために，計算結果が$\dfrac{63}{121}$になりました。次の問いに答えなさい。

(7)　ある分数を求めなさい。

(8)　正しい計算結果を求めなさい。

5　さくらさん，ひかりさん，けんたさんは長さが違うロープを1本ずつ持っています。このロープを切って2本に分けるとき，次の問いに答えなさい。

(9)　さくらさんは，ロープを196cmと224cmになるように切りました。196cmと224cmの長さの比を，もっとも簡単な整数の比で表しなさい。

(10)　ひかりさんは，ロープの長さの比が5：9になるように切りました。短いほうのロープが200cmのとき，長いほうのロープは何cmですか。単位をつけて答えなさい。

(11)　けんたさんは，450cmのロープを長さの比が4：11になるように切りました。短いほうのロープと長いほうのロープはそれぞれ何cmですか。単位をつけて答えなさい。

6　色紙を生徒に配ります。生徒の人数を x 人として，次の問いに答えなさい。

⑿　1人に6枚ずつ配るとき，色紙は18枚たりません。色紙の枚数は何枚ですか。x を用いて表しなさい。　　　　　　　　　　　　（表現技能）

⒀　1人に4枚ずつ配るとき，色紙は58枚あまります。色紙の枚数は何枚ですか。x を用いて表しなさい。　　　　　　　　　　　　（表現技能）

⒁　⑿，⒀のとき，生徒の人数は何人ですか。また，色紙の枚数は何枚ですか。x を用いた方程式をつくり，それを解いて求めなさい。この問題は，計算の途中の式と答えを書きなさい。

7 　下の表は，y が x に比例する関係を表しています。次の問いに答えなさい。

x	$\cdots$	-2	-1	0	1	2	$\cdots$
y	$\cdots$	6	3	0	-3	-6	$\cdots$

(15)　y を x を用いて表しなさい。　　　　　　　　　　（表現技能）

(16)　x の変域が $-6 \leqq x \leqq 8$ のときの y の変域を求めなさい。

8 　右の図のような，底面が1辺5cm の正方形で，高さが7cm の正四角錐 OABCD があります。次の問いに答えなさい。

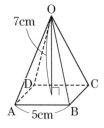

(17)　辺 OA とねじれの位置にある辺をすべて答えなさい。

(18)　体積は何 cm³ ですか。単位をつけて答えなさい。この問題は，計算の途中の式と答えを書きなさい。　　　　　　　　（測定技能）

9　次の問いに答えなさい。　　　　　　　　　　　　　　　（整理技能）

(19)　正の整数 a, b について

$$a+b=15$$

を成り立たせる a, b の値の組のうち，積 $a \times b$ がもっとも大きくなるものを求めなさい。答えは何通りかありますが，そのうちの1つを答えなさい。

(20)　正の整数 c, d, e について

$$c+d+e=10$$

を成り立たせる c, d, e の値の組のうち，積 $c \times d \times e$ がもっとも大きくなるものを求めなさい。ただし，c, d, e に同じ数があってもかまいません。答えは何通りかありますが，そのうちの1つを答えなさい。

◆監修者紹介◆

公益財団法人 日本数学検定協会

　公益財団法人日本数学検定協会は，全国レベルの実力・絶対評価システムである実用数学技能検定を実施する団体です。

　第1回を実施した1992年には5,500人だった受検者数は2006年以降は年間30万人を超え，数学検定を実施する学校や教育機関も18,000団体を突破しました。

　数学検定2級以上を取得すると文部科学省が実施する「高等学校卒業程度認定試験」の「数学」科目が試験免除されます。このほか，大学入学試験での優遇措置や高等学校等の単位認定等に組み入れる学校が増加しています。また，日本国内はもちろん，フィリピン，カンボジア，タイなどでも実施され，海外でも高い評価を得ています。

　いまや数学検定は，数学・算数に関する検定のスタンダードとして，進学・就職に必須の検定となっています。

◆デザイン：星 光信（Xin-Design）
◆編集協力：鈴木伊都子（SYNAPS），田中優子
◆イラスト：une corn ウネハラ ユウジ
◆DTP：（株）明昌堂
　　　　データ管理コード：22-2031-3610（2022）

この本は，下記のように環境に配慮して製作しました。
・製版フィルムを使用しない CTP 方式で印刷しました。
・環境に配慮した紙を使用しています。

読者アンケートのお願い

本書に関するアンケートにご協力ください。下のコードか URL からアクセスし，以下のアンケート番号を入力してご回答ください。当事業部に届いたものの中から抽選で年間 200 名様に，「図書カードネットギフト」500 円分をプレゼントいたします。

URL：https://ieben.gakken.jp/qr/suuken/
アンケート番号：305740

第1回　5級1次：計算技能検定　解　答

1	(1)	
	(2)	
	(3)	
	(4)	
	(5)	
	(6)	
	(7)	
	(8)	
	(9)	
	(10)	
	(11)	
	(12)	
2	(13)	
	(14)	
3	(15)	
	(16)	

用 紙

● 答えを直すときは、消しゴムできれいに消してください。
● 答えは、解答用紙にはっきりと書いてください。

6	(13)	歳
	(14)	
		(答え) 歳
7	(15)	$y =$
	(16)	$y =$
8	(17)	辺
	(18)	
		(答え)
9	(19)	□月□旬から□月□旬まで
	(20)	

ふりがな		受検番号	
氏名			

1	(1)	
	(2)	
2	(3)	
	(4)	
3	(5)	
	(6)	個
4	(7)	
	(8)	倍
	(9)	
5	(10)	：
	(11)	人
	(12)	人

用　紙

4	(17)	：	
	(18)	：	
5	(19)		
	(20)		
6	(21)	$x =$	
	(22)	$x =$	
7	(23)		点
	(24)		
	(25)		
	(26)		
	(27)		
	(28)	$y =$	
	(29)	$y =$	
	(30)		

ふりがな		受検番号
氏名		

第2回　5級1次：計算技能検定　解　答

1	(1)	
	(2)	
	(3)	
	(4)	
	(5)	
	(6)	
	(7)	
	(8)	
	(9)	
	(10)	
	(11)	
	(12)	
2	(13)	
	(14)	
3	(15)	
	(16)	

用　紙

●●答えを直すときは、消しゴムできれいに消してください。

●答えは、解答用紙にはっきりと書いてください。

6	(12)	円
	(13)	円
	(14)	
		（答え）_____

7	(15)	
	(16)	
		（答え）　$y=$ _____

| 8 | (17) | |
| | (18) | |

| 9 | (19) | |
| | (20) | |

ふりがな		受検番号
氏名		

第2回

5級2次：数理技能検定　解　答

1	(1)	個
	(2)	
2	(3)	
	(4)	
3	(5)	人
	(6)	％
4	(7)	本
	(8)	
	(9)	倍
5	(10)	
	(11)	倍

用　紙

●答えは、解答用紙にはっきりと書いてください。
●答えを直すときは、消しゴムできれいに消してください。

4	(17)	：
	(18)	：

5	(19)	
	(20)	

6	(21)	$x=$
	(22)	$x=$

7	(23)	点
	(24)	
	(25)	
	(26)	
	(27)	
	(28)	$y=$
	(29)	$y=$
	(30)	

ふりがな		受検番号
氏名		

1	(1)	
	(2)	
	(3)	
	(4)	
	(5)	
	(6)	
	(7)	
	(8)	
	(9)	
	(10)	
	(11)	
	(12)	
2	(13)	
	(14)	
3	(15)	
	(16)	

用　紙

4	(17)	:	
	(18)	:	
5	(19)		
	(20)		
6	(21)	$x=$	
	(22)	$x=$	
7	(23)		m
	(24)		
	(25)		
	(26)		
	(27)		
	(28)	$y=$	
	(29)	$y=$	
	(30)		cm

ふりがな		受検番号
氏名		

1	(1)	
	(2)	枚
2	(3)	
	(4)	
3	(5)	点
	(6)	点
4	(7)	
	(8)	
5	(9)	：
	(10)	
	(11)	短いロープ　　　　　　長いロープ

用　紙

●答えを直すときは、消しゴムできれいに消してください。
●答えは、解答用紙にはっきりと書いてください。

6	(12)	枚
	(13)	枚
	(14)	(答え)　　生徒　　　　色紙 　　　　　人,　　　枚
7	(15)	$y=$
	(16)	
8	(17)	辺
	(18)	(答え)
9	(19)	a　　　　　　b
	(20)	c　　　d　　　e

ふりがな		受検番号
氏名		

Gakken

公益財団法人 日本数学検定協会 監修

受かる! 数学検定 ［過去問題集］

解答と解説

改訂版 5級

別冊

（本冊と軽くのりづけされていますので
はずしてお使いください。）

1	(1)	1.904
	(2)	1.7
	(3)	$\dfrac{13}{15}$
	(4)	$\dfrac{3}{4}$
	(5)	$\dfrac{21}{50}$
	(6)	$\dfrac{3}{8}$
	(7)	$\dfrac{8}{9}$
	(8)	9
	(9)	-6
	(10)	-55
	(11)	$-5x+1$
	(12)	$15.4x-3.5$
2	(13)	4
	(14)	18
3	(15)	98
	(16)	105

1章🔗1, 1章🔗2, 1章🔗4, 1章🔗5, 1章🔗3

4	(17)	7 ： 4
	(18)	9 ： 14
5	(19)	16
	(20)	117
6	(21)	$x=$ -4
	(22)	$x=$ -1
7	(23)	9 点
	(24)	7
	(25)	ア
	(26)	4
	(27)	-26
	(28)	$y=$ $-9x$
	(29)	$y=$ -9
	(30)	BC⊥AH

1章🔗3, 1章🔗6, 1章🔗9, 1章🔗8, 1章🔗9, 1章🔗5, 1章🔗7, 1章🔗8

◇◆◇5級1次（計算技能検定）◇◆◇ **解説** ◇◆◇

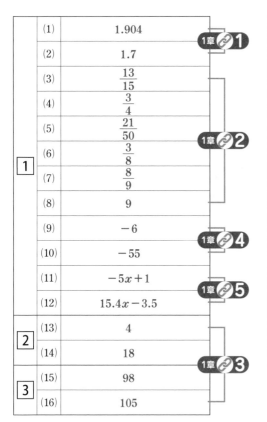

1 (1) 小数点を考えずに計算する。かける数とかけられる数の小数点から下のけた数の和の3だけ，積の小数点を移す。

$$\begin{array}{r} 0.2\,8 \\ \times\ \ 6.8 \\ \hline 2\,2\,4 \\ 1\,6\,8\ \ \\ \hline 1.9\,0\,4 \end{array}$$

(2) わる数が整数になるように，わる数とわられる数の小数点を同じけた数だけ右に移して，計算する。商の小数点は，移した小数点にそろえてうつ。

$$\begin{array}{r} 1.7 \\ 5.3\,)\overline{9.0\,1} \\ 5\,3\ \ \ \\ \hline 3\,7\,1 \\ 3\,7\,1 \\ \hline 0 \end{array}$$

(3) **分母が異なる分数の加法・減法は，通分して計算する。**

$$\dfrac{2}{3}+\dfrac{1}{5}=\dfrac{10}{15}+\dfrac{3}{15}=\dfrac{13}{15}$$

3と5の最小公倍数

(4) $\dfrac{5}{6}-\dfrac{1}{12}=\dfrac{10}{12}-\dfrac{1}{12}=\dfrac{\overset{3}{\cancel{9}}}{\underset{4}{\cancel{12}}}=\dfrac{3}{4}$

約分する

(5) **帯分数は仮分数に直して計算する。**

$$3\dfrac{3}{20}\times\dfrac{2}{15}=\dfrac{\overset{21}{\cancel{63}}}{\underset{10}{\cancel{20}}}\times\dfrac{\overset{1}{\cancel{2}}}{\underset{5}{\cancel{15}}}=\dfrac{21}{50}$$

(6) **分数でわる計算は，わる数の逆数をかける乗法に直す。**

$$\frac{7}{12} \div 1\frac{5}{9} = \frac{7}{12} \div \frac{14}{9} = \frac{\overset{1}{7}}{12} \times \frac{\overset{3}{9}}{\underset{2}{14}} = \frac{3}{8}$$

(7) $\dfrac{7}{10} \times 1\dfrac{1}{14} \div \dfrac{27}{32} = \dfrac{7}{10} \times \dfrac{15}{14} \div \dfrac{27}{32}$

$$= \frac{\overset{1}{7}}{\underset{12}{10}} \times \frac{\overset{3}{15}}{\underset{2\,1}{14}} \times \frac{\overset{16\ 8}{32}}{\underset{9}{27}} = \frac{8}{9}$$

(8) **（　）の中を先に計算する。**

$$84 \times \left(\frac{7}{12} - \frac{10}{21}\right) = 84 \times \left(\frac{49}{84} - \frac{40}{84}\right)$$

$$= \overset{1}{84} \times \frac{9}{\underset{1}{84}} = 9$$

(9) **正負の数の減法は，ひく数の符号を変えて加法に直す。**

$$9 - (-3) - 18 = 9 + 3 - 18$$
$$= 12 - 18 = -6$$

(10) **まず，累乗の計算をする。**

$$(-3)^2 = (-3) \times (-3) = 9$$
$$(-4)^3 = (-4) \times (-4) \times (-4) = -64$$

だから，

$$(-3)^2 + (-4)^3 = 9 + (-64) = 9 - 64$$
$$= -55$$

(11) **かっこをはずして，文字の項どうし，数の項どうしを計算する。**

$$-8x + 2 - (-3x + 1)$$
$$= -8x + 2 + 3x - 1$$
$$= -8x + 3x + 2 - 1$$
$$= (-8 + 3)x + 2 - 1 = -5x + 1$$

(12) **分配法則でかっこをはずし，文字の項どうし，数の項どうしを計算する。**

$$0.7(6x - 1) + 1.4(8x - 2)$$
$$= 0.7 \times 6x + 0.7 \times (-1)$$
$$\qquad\qquad + 1.4 \times 8x + 1.4 \times (-2)$$
$$= 4.2x - 0.7 + 11.2x - 2.8$$
$$= 4.2x + 11.2x - 0.7 - 2.8$$
$$= 15.4x - 3.5$$

2　それぞれの数をわり切ることができる最大の整数が最大公約数である。

(13) 16 の約数は，1，2，④，8，16
　　36 の約数は，1，2，3，④，6，9，12，18，36
　　よって，最大公約数は 4

(14) 54 の約数は，1，2，3，6，9，⑱，27，54
　　108 の約数は，1，2，3，4，6，9，12，⑱，27，36，54，108
　　126 の約数は，1，2，3，6，7，9，14，⑱，21，42，63，126
　　よって，最大公約数は 18

3　公倍数のうち，最小の数が最小公倍数である。

(15) 14 の倍数は，14，28，42，56，70，84，�98，112，…
　　49 の倍数は，49，�98，147，…
　　よって，最小公倍数は 98

(16) 3 の倍数は，3，6，9，12，15，18，21，24，27，30，33，36，39，42，45，48，51，54，57，60，63，66，69，72，75，78，81，84，87，90，93，96，99，102，⑩⑤，108，…
　　15 の倍数は，15，30，45，60，75，90，⑩⑤，120，…
　　21 の倍数は，21，42，63，84，⑩⑤，126，…
　　よって，最小公倍数は 105

4　(17) 比の前の数と後ろの数に同じ数をかけたり，前の数と後ろの数を同じ数でわったりして，比を簡単にする。

　　63 と 36 の最大公約数 9 でわって，
　　$63 : 36 = (63 \div 9) : (36 \div 9) = 7 : 4$

(18) 通分して，分子の比を求める。

　　$\dfrac{3}{8} : \dfrac{7}{12} = \dfrac{9}{24} : \dfrac{14}{24} = 9 : 14$

[別解] 分母の最小公倍数を比の前の数と後ろの数にかける。

$$\frac{3}{8} : \frac{7}{12} = \left(\frac{3}{8} \times 24\right) : \left(\frac{7}{12} \times 24\right) = 9 : 14$$

⑤ ⒆ 比の前の数どうしを比べると，

$3 \times 4 = 12$ ◀4倍

比の後ろの数どうしも4倍となり，

$4 \times 4 = \square$，$\square = 16$

[別解①] 比の値が等しいことを利用する。$a:b=c:d$ のとき，$\dfrac{a}{b}=\dfrac{c}{d}$

$\dfrac{3}{4} = \dfrac{12}{\square}$，$\square = \dfrac{4 \times \overset{4}{12}}{\underset{1}{3}} = 16$

[別解②] (外項の積)=(内項の積)を利用する。$a:b=c:d$ のとき，$ad=bc$

$3 \times \square = 4 \times 12$，$\square = 16$

⒇ $0.8:3.6$ を整数の比に直す。

$0.8:3.6 = (0.8 \times 10):(3.6 \times 10)$

$= 8:36 = 2:9$ だから，

13倍

$2:9 = 26:\square$，$\square = 9 \times 13 = 117$

13倍

[別解] 比の値が等しいこと，(外項の積)=(内項の積)を利用してもよい。

⑥ ⒇21 文字の項を左辺に，数の項を右辺に移項し，両辺をそれぞれ計算する。最後に，文字の項の係数で両辺をわる。

$9x-7 = 7x-15$ ⎤移項

$9x-7x = -15+7$ ⎤両辺を計算する

$2x = -8$ ⎤x の係数2で両辺をわる

$x = -4$

⒇22 両辺に分母の最小公倍数20をかけて，分母をはらう。

$$\frac{2x-3}{5} = \frac{9x+5}{4}$$ 両辺に20をかけて分母をはらう

$4(2x-3) = 5(9x+5)$

$8x-12 = 45x+25$

$8x-45x = 25+12$

$-37x = 37$，$x = -1$

⑦ ⒇23 (平均)=(合計)÷(個数)だから，

$(10+8+8+10+9)÷5 = 45÷5 = 9$(点)

⒇24 五角柱の底面の数は2つ，側面の数は5つだから，面の数は7つ。

底面
側面

⒇25 右の図のように，$CH=DH$ となる点はア。

⒇26 最頻値は，資料の中でもっとも多く現れる値だから，4

2, 4, 4, 4, 5, 8, 8, 9
① ① ② ③ ① ① ② ①

⒇27 負の数は，( )をつけて式に代入するとよい。

$3x-5 \Rightarrow 3 \times (-7)-5 = -21-5 = -26$

⒇28 y が x に比例するとき，式を $y=ax$ (a は比例定数)とおく。

$y=ax$ に $x=-6$，$y=54$ を代入して，

$54 = a \times (-6)$，$a = -9$

よって，$y = -9x$

⒇29 y が x に反比例するとき，式を $y=\dfrac{a}{x}$ (a は比例定数)とおく。

$y=\dfrac{a}{x}$ に $x=-6$，$y=3$ を代入して，

$3 = \dfrac{a}{-6}$，$a = -18$

よって，式は $y = -\dfrac{18}{x}$

この式に，$x=2$ を代入して，

$y = -\dfrac{18}{2} = -9$

⒇30 $\triangle ABC$ において，底辺はBC，高さはAHだから，

$BC \perp AH$

高さ
底辺

1	(1)	542
	(2)	1235

2章🔗①

2	(3)	$56\,\text{cm}^2$
	(4)	$12\,\text{cm}^2$

2章🔗⑤

3	(5)	$247\,\text{g}$
	(6)	35　個

2章🔗⑦

4	(7)	$\dfrac{21}{4}\,\text{kg}$
	(8)	$\dfrac{3}{4}$　倍
	(9)	$2\,\text{kg}$

2章🔗②

5	(10)	13 ： 12
	(11)	21　人
	(12)	24　人

6	(13)	$x-4$　歳
	(14)	$\begin{aligned} &x+(x-4)=26 \\ &x+x=26+4 \\ &2x=30 \\ &x=15 \end{aligned}$ （答え）　15　歳

2章🔗③

7	(15)	$y=-\dfrac{24}{x}$
	(16)	$y=4$

2章🔗④

8	(17)	辺　OC，OD
	(18)	$6\times6\times5\times\dfrac{1}{3}=60$ （答え）　$60\,\text{cm}^3$

2章🔗⑥

9	(19)	10月中旬から11月上旬まで
	(20)	A，B，E，F，H

2章🔗⑧

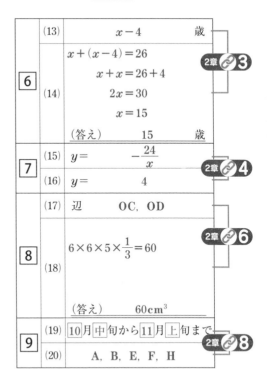

◇◆◇5級2次（数理技能検定）◇◆◇ 解説 ◇◆◇

1　大きい数，小さい数をつくるときは，上の位から考える。

(1)　3枚を選んでできるもっとも大きい整数を考えるとき，百の位から大きい順に並べていくと，543になる。

もっとも大きい偶数だから，一の位は偶数でなければならない。よって，一の位を2，4のうち，選ばれていない2に変えて，542。

(2)　4枚を選んでできるもっとも小さい整数を考えるとき，千の位から小さい順に並べていくと，1234になる。

もっとも小さい奇数だから，一の位は奇数でなければならない。よって，一の位を1，3，5のうち，選ばれていない5に変えて，1235。

2(3)　（平行四辺形の面積）＝（底辺）×（高さ）にあてはめる。

底辺が7cm，高さが8cmの平行四辺形だから，面積は，

$7\times8=56(\text{cm}^2)$

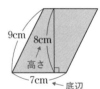

(4) （三角形の面積）＝（底辺）×（高さ）÷2 にあてはめる。

底辺が6cm，高さが4cmの三角形だから，面積は，

$$6 \times 4 \div 2 = 12 (cm^2)$$

※ミス注意!! 三角形の底辺と高さ

4cmを底辺，（3＋6）cmを高さとするミスが多い。

三角形の向きを変えて，底辺と高さを考えると，ミスを防げる。

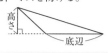

3 (5) （平均）＝（合計）÷（個数）にあてはめる。

4個のグレープフルーツの合計の重さは

$$246 + 256 + 236 + 250 = 988 (g)$$

よって，4個のグレープフルーツの重さの平均は

$$988 \div 4 = 247 (g)$$

(6) （全体の重さ）＝（平均）×（個数）

全体の重さ…8650g

1個の重さ…247g

個数をx個とすると，

$$247 \times x = 8650$$
$$x = 8650 \div 247 = 35.02\cdots$$

小数第1位を四捨五入して，

35個 ← 35.02…

└─ 0, 1, 2, 3, 4は繰り上がらない

memo 平均の値

方程式で個数や人数などを求めるとき，解は整数にならなければ間違いであるが，平均の場合は整数になるとは限らない。

4 (7) ソラの体重は，レオの体重$4\frac{2}{3}$kgの$1\frac{1}{8}$倍だから

$$4\frac{2}{3} \times 1\frac{1}{8} = \frac{14}{3} \times \frac{9}{8} = \frac{21}{4} (kg)$$

(8) ムギの体重$3\frac{1}{2}$kgをレオの体重$4\frac{2}{3}$kgでわればよいから

$$3\frac{1}{2} \div 4\frac{2}{3} = \frac{7}{2} \div \frac{14}{3}$$
$$= \frac{7}{2} \times \frac{3}{14} = \frac{3}{4} (倍)$$

(9) モモの体重を$2\frac{1}{3}$倍すると，レオの体重$4\frac{2}{3}$kgだから，モモの体重は

$$4\frac{2}{3} \div 2\frac{1}{3} = \frac{14}{3} \div \frac{7}{3}$$
$$= \frac{14}{3} \times \frac{3}{7} = 2 (kg)$$

5 (10) 男子の人数は234人，女子の人数は216人だから，男子と女子の人数の比は，

2でわる
$$234 : 216 = 117 : 108$$
2でわる

3でわる
$$117 : 108 = 39 : 36$$
3でわる

3でわる
$$39 : 36 = 13 : 12$$
3でわる

［別解］ 234と216の最大公約数18でわってもよい。

(11) 美術部の生徒の人数をx人とすると，

$$35 : x = 5 : 3, \quad 5x = 35 \times 3$$
$$x = 21 (人)$$

memo 比の性質

$a : b = c : d$ ならば，$ad = bc$

⑿ バスケットボール部の女子の人数は，バスケットボール部に所属している生徒全体の$\dfrac{3}{2+3}=\dfrac{3}{5}$にあたるから，

$$40\times\dfrac{3}{5}=24（人）$$

［別解］ 比の計算で求めることもできる。バスケットボール部の女子の人数をx人とすると，

$$40：x=(2+3)：3$$
$$5x=40\times3，\quad x=24（人）$$

6 ⒀ まさるさんは妹より4歳年上→妹はまさるさんより4歳年下

よって，妹の年齢は$x-4$（歳）

⒁ まさるさんの年齢…x歳

妹の年齢…$x-4$（歳）

2人の年齢の和が26歳になる方程式をつくる。

$$x+(x-4)=26 \quad\}\text{移項}$$
$$x+x=26+4 \quad\}\text{両辺を計算する}$$
$$2x=30 \quad\}\substack{x\text{の係数2で両辺}\\\text{をわる}}$$
$$x=15$$

7 ⒂ 反比例の式$y=\dfrac{a}{x}$に$x=-3$，$y=8$を代入して，$8=\dfrac{a}{-3}$，$a=-24$

よって，$y=-\dfrac{24}{x}$

⒃ ⒂で求めた式$y=-\dfrac{24}{x}$に，$x=-6$を代入して，

$$y=-\dfrac{24}{-6}=4$$

8 ⒄ 空間内の2直線がねじれの位置になるのは，2直線が平行でなく，交わらないときである。

辺ABと平行な辺は辺DC

辺ABと交わる辺は辺AO，AD，BO，BCの4本である。

よって，辺ABとねじれの位置にある辺は辺OC，ODである。

> 📝memo✎ **立方体とねじれの位置**
>
> 右の図の立方体で辺ABと平行な辺は辺DC，EF，HG
>
>
>
> 辺ABと交わる辺は辺AD，AE，BC，BF
>
>
>
> よって，辺ABとねじれの位置にある辺は平行でなく，交わらない辺だから，辺DH，EH，CG，FGである。
>
>
>
> 立方体，直方体の1つの辺には，ねじれの位置にある辺が4本ある。

⑱　**角錐の体積の公式は**

$$（角錐の体積）＝\frac{1}{3}×（底面積）×（高さ）$$

である。

　底面は1辺が6cmの正方形だから，
底面積は6×6＝36（cm²）◀1辺×1辺
高さは5cm

　これより，
公式にあては
める。

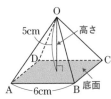

⑨ ⑲　C，D，Hの収穫時期は下の図の通り。

記号	10月			11月	
	上旬	中旬	下旬	上旬	中旬
C		▬			
D				▬	
H		▬	▬		

　もっとも早いのはCとHで，10月中
旬から収穫できる。また，もっとも遅い
のはDで，11月上旬まで収穫できる。

　よって，全体の収穫時期は，10月中
旬から11月上旬まで。

⑳　下の2つの条件を満たす品種を選ぶ。

条件1：できるだけ少ない品種を栽培す
　　　る。

条件2：9月上旬から11月中旬まで途切
　　　れなく収穫できる。

　まず，9月上旬から11月中旬まで，
時期別に収穫できる品種を整理する。

9月上旬：A

　中旬：A

　下旬：F

10月上旬：B

　中旬：C，G，H

　下旬：D，E，H

11月上旬：D，E

　中旬：E

①　収穫できる品種が1つの時期
　　その品種を選べばよいから，A，B，
E，Fを選ぶ。

②　収穫できる品種が複数ある時期
　　栽培する品種ができるだけ少なくな
るように選ぶ必要がある。

　ⓐ10月中旬：C，G，Hのうち，10月
　下旬にも途切れなく収穫できるH
　を選ぶ。

　ⓘ10月下旬：D，E，Hのうち，ⓐで
　Hを選んでいる。

　ⓤ11月上旬：D，Eのうち，①でEを
　選んでいる。

　以上より，栽培する品種は，

　A，B，E，F，H

記号	9月			10月			11月	
	上旬	中旬	下旬	上旬	中旬	下旬	上旬	中旬
A	▬	▬						
B				▬				
C					▬			
D							▬	
E							▬	▬
F			▬					
G					▬			
H					▬	▬		
	A	A	F	B	C G H	D E H	D E	E

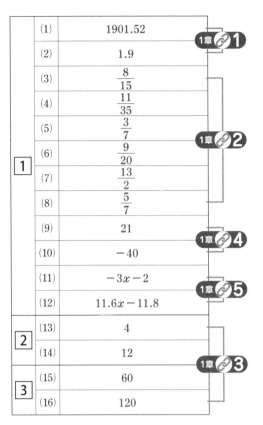

1	(1)	1901.52
	(2)	1.9
	(3)	$\dfrac{8}{15}$
	(4)	$\dfrac{11}{35}$
	(5)	$\dfrac{3}{7}$
	(6)	$\dfrac{9}{20}$
	(7)	$\dfrac{13}{2}$
	(8)	$\dfrac{5}{7}$
	(9)	21
	(10)	-40
	(11)	$-3x-2$
	(12)	$11.6x-11.8$
2	(13)	4
	(14)	12
3	(15)	60
	(16)	120

4	(17)	9 ： 7
	(18)	9 ： 10
5	(19)	24
	(20)	21
6	(21)	$x=$ -2
	(22)	$x=$ -17
7	(23)	6　点
	(24)	18
	(25)	イ
	(26)	6.5
	(27)	59
	(28)	$y=$ -45
	(29)	$y=$ $\dfrac{54}{x}$
	(30)	$\angle A = \angle C,\ \angle B = \angle D$

◇◆◇5級1次（計算技能検定）◇◆◇ **解説** ◇◆◇

1 (1) 小数点を考えずに計算する。かける数とかけられる数の小数点から下のけた数の和の2だけ，積の小数点を移す。

$$\begin{array}{r} 278 \\ \times\ 6.84 \\ \hline 1112 \\ 2224\ \ \\ 1668\ \ \ \\ \hline 1901.52 \end{array}$$

(2) わる数が整数になるように，わる数とわられる数の小数点を同じけた数だけ右に移して，計算する。商の小数点は，移した小数点にそろえてうつ。

$$\begin{array}{r} 1.9 \\ 2.3\,)\overline{4.3\,7} \\ 23\ \ \\ \hline 207 \\ 207 \\ \hline 0 \end{array}$$

(3) **分母が異なる分数の加法・減法は，通分して計算する。**

$$\frac{9}{20}+\frac{1}{12}=\frac{27}{60}+\frac{5}{60}=\frac{\overset{8}{32}}{\underset{15}{60}}=\frac{8}{15}$$

📝**memo** 分母の最小公倍数で通分する！

$\dfrac{9}{20}+\dfrac{1}{12}=\dfrac{9\times6}{20\times6}+\dfrac{1\times10}{12\times10}$ のように通分すると，数が大きくなりミスしやすい。

(4) $\dfrac{3}{5}-\dfrac{2}{7}=\dfrac{21}{35}-\dfrac{10}{35}=\dfrac{11}{35}$

(5) **帯分数は仮分数に直して計算する。**

$$1\frac{1}{14}\times\frac{2}{5}=\frac{\overset{3}{15}}{\underset{7}{14}}\times\frac{2}{\underset{1}{5}}=\frac{3}{7}$$

(6) **分数でわる計算は，わる数の逆数をかける乗法に直す。**

$$\frac{21}{40} \div 1\frac{1}{6} = \frac{21}{40} \div \frac{7}{6} = \frac{\overset{3}{\cancel{21}}}{\underset{20}{\cancel{40}}} \times \frac{\overset{3}{\cancel{6}}}{\cancel{7}_{1}} = \frac{9}{20}$$

(7) $1\frac{13}{15} \times 3\frac{3}{14} \div \frac{12}{13} = \frac{28}{15} \times \frac{45}{14} \div \frac{12}{13}$

$$= \frac{\overset{1}{\cancel{28}}}{\underset{1}{15}} \times \frac{\overset{3}{\cancel{45}}}{\cancel{14}} \times \frac{13}{\cancel{12}_{2}} = \frac{13}{2}$$

(8) **（ ）の中を先に計算する。**

$$\frac{25}{84} \div \left(1\frac{1}{15} - \frac{13}{20}\right) = \frac{25}{84} \div \left(\frac{16}{15} - \frac{13}{20}\right)$$

$$= \frac{25}{84} \div \left(\frac{64}{60} - \frac{39}{60}\right) = \frac{25}{84} \div \frac{25}{60}$$

$$= \frac{\overset{1}{\cancel{25}}}{\underset{7}{\cancel{84}}} \times \frac{\overset{5}{\cancel{60}}}{\cancel{25}_{1}} = \frac{5}{7}$$

(9) **正負の数の減法は，ひく数の符号を変えて加法に直す。**

$$-2 - (-17) + 6 = -2 + 17 + 6$$
$$= -2 + 23 = 21$$

(10) **まず，累乗の計算をする。**

$$(-2)^3 = (-2) \times (-2) \times (-2) = -8$$
だから，$5 \times (-2)^3 = 5 \times (-8) = -40$

(11) **かっこをはずして，文字の項どうし，数の項どうしを計算する。**

$$-4x + 7 - (-x + 9)$$
$$= -4x + 7 + x - 9$$
$$= -4x + x + 7 - 9$$
$$= (-4 + 1)x + 7 - 9 = -3x - 2$$

(12) **分配法則でかっこをはずし，文字の項どうし，数の項どうしを計算する。**

$$0.3(6x - 2) + 1.4(7x - 8)$$
$$= 0.3 \times 6x + 0.3 \times (-2)$$
$$\qquad + 1.4 \times 7x + 1.4 \times (-8)$$
$$= 1.8x - 0.6 + 9.8x - 11.2$$
$$= 1.8x + 9.8x - 0.6 - 11.2$$
$$= 11.6x - 11.8$$

2 **(13)** 20の約数は，1，2，④，5，10，20

28の約数は，1，2，④，7，14，28

よって，最大公約数は 4

(14) 24の約数は，1，2，3，4，6，8，⑫，24

60の約数は，1，2，3，4，5，6，10，⑫，15，20，30，60

84の約数は，1，2，3，4，6，7，⑫，14，21，28，42，84

よって，最大公約数は 12

3 **(15)** 10の倍数は，10，20，30，40，50，㊳，70，…

12の倍数は，12，24，36，48，㊳，72，…

よって，最小公倍数は 60

(16) 4の倍数は，4，8，12，16，20，24，28，32，36，40，44，48，52，56，60，64，68，72，76，80，84，88，92，96，100，104，108，112，116，⑫⓪，124，…

20の倍数は，20，40，60，80，100，⑫⓪，140，…

24の倍数は，24，48，72，96，⑫⓪，144，…

よって，最小公倍数は 120

4 **(17)** 72と56の最大公約数8でわって，
$$72 : 56 = (72 \div 8) : (56 \div 8) = 9 : 7$$

(18) 通分して，分子の比を求める。

$$\frac{7}{15} : \frac{14}{27} = \frac{63}{135} : \frac{70}{135} = 63 : 70 = 9 : 10$$

［別解①］ 分母の最小公倍数を比の前の数と後ろの数にかける。

$$\frac{7}{15} : \frac{14}{27} = \left(\frac{7}{15} \times 135\right) : \left(\frac{14}{27} \times 135\right)$$
$$= 63 : 70 = 9 : 10$$

［別解②］ 分子がともに7でわり切れるので，簡単にしてから計算してもよい。

$$\frac{7}{15} : \frac{14}{27} = \left(\frac{7}{15} \div 7\right) : \left(\frac{14}{27} \div 7\right)$$
$$= \frac{1}{15} : \frac{2}{27}$$

$$\frac{1}{15} : \frac{2}{27} = \frac{9}{135} : \frac{10}{135} = 9 : 10$$

5 ⑲ 比の後ろの数どうしを比べると，

$7 \times 3 = 21$ ◀ 3倍

比の前の数どうしも 3 倍となり，

$8 \times 3 = \Box,\ \Box = 24$

［別解①］　比の値が等しいことを利用す

る。$a : b = c : d$ のとき，$\dfrac{a}{b} = \dfrac{c}{d}$

$8 : 7 = \Box : 21$ のとき，$\dfrac{8}{7} = \dfrac{\Box}{21}$

$\Box = \dfrac{8}{\cancel{7}} \times \cancel{21}^{3} = 24$

［別解②］　(外項の積)=(内項の積)を利用

する。$a : b = c : d$ のとき，$ad = bc$

$8 \times 21 = 7 \times \Box,\ \Box = 24$

⑳　整数どうしの比に直す。

$8 : 4.8 = (8 \times 10) : (4.8 \times 10) = 80 : 48$

$\qquad\qquad\qquad\quad = 5 : 3$

よって，$5 : 3 = 35 : \Box,\ \Box = 21$

6 ㉑ 文字の項を左辺に，数の項を右辺に移
項し，両辺をそれぞれ計算する。最後
に，文字の項の係数で両辺をわる。

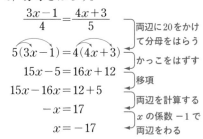

$-10x + 8 = -3x + 22$ ← 移項

$-10x + 3x = 22 - 8$ ← 両辺を計算する

$-7x = 14$ ← x の係数 -7 で両辺をわる

$x = -2$

㉒　分母の最小公倍数 20 を両辺にかけ
て，分母をはらう。

$\dfrac{3x-1}{4} = \dfrac{4x+3}{5}$ ← 両辺に 20 をかけて分母をはらう

$5(3x-1) = 4(4x+3)$ ← かっこをはずす

$15x - 5 = 16x + 12$ ← 移項

$15x - 16x = 12 + 5$ ← 両辺を計算する

$-x = 17$ ← x の係数 -1 で両辺をわる

$x = -17$

7 ㉓ (平均)=(合計)÷(個数)だから，

$(6+9+3+4+8) \div 5 = 30 \div 5 = 6(点)$

㉔　n 角柱の辺の
数は，$n \times 3$ だか
ら，六角柱の辺
の数は，

$6 \times 3 = 18$

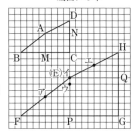

㉕　右の図のよ
うに，

$2AM = EP$,

$2AN = EQ$

となる点は

イ。

㉖　中央値は，資料を大きさの順に並べた
とき，中央にある値。データが偶数個の
場合は，中央の 2 つの値の平均となるか
ら，

4,　4,　5,　6,　7,　7,　7,　8
①　②　③　④　⑤　⑥　⑦　⑧

$(6+7) \div 2 = 6.5$

㉗　-7 を（ ）をつけて代入して，

$-9 \times (-7) - 4 = 63 - 4 = 59$

㉘　式を $y = ax$ とおく。

$y = ax$ に $x = -3$, $y = 27$ を代入して，

$27 = a \times (-3)$, $a = -9$

よって，$y = -9x$

この式に，$x = 5$ を代入して，

$y = -9 \times 5 = -45$

㉙　式を $y = \dfrac{a}{x}$ とおく。

$y = \dfrac{a}{x}$ に $x = -6$, $y = -9$ を代入して，

$-9 = \dfrac{a}{-6}$, $a = 54$

よって，$y = \dfrac{54}{x}$

㉚　平行四辺形 ABCD において，向かい
合う角は，∠A と ∠C，∠B と ∠D

よって，∠A = ∠C, ∠B = ∠D

1	(1)	13	個	2章🔗1
	(2)	①, ④		
2	(3)	216cm³		2章🔗6
	(4)	104cm³		
3	(5)	39	人	
	(6)	70	%	
4	(7)	3	本	2章🔗2
	(8)	$\frac{4}{5}$m		
	(9)	$\frac{1}{10}$	倍	
5	(10)	5024cm²		2章🔗5
	(11)	1600	倍	

6	(12)	$7x-50$	円	
	(13)	$6x+70$	円	2章🔗3
	(14)	$7x-50=6x+70$ $7x-6x=70+50$ $x=120$ （答え）　120円		
7	(15)	②		
	(16)	$x=3$ を $y=4x$ に代入して $y=4\times3$ $=12$ （答え）　$y=$　　12		2章🔗4
8	(17)	0.402		2章🔗7
	(18)	②		
9	(19)	82		2章🔗8
	(20)	89		

◇◆◇5級2次（数理技能検定）◇◆◇　解説　◇◆◇

1 (1)　奇数は2でわり切れない整数だから，1から25までの整数のうち，奇数は下の■の13個である。

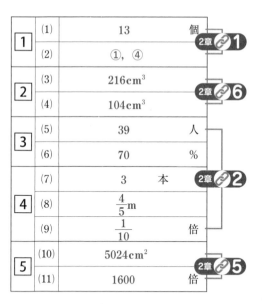

　　[別解]　1から25までの整数で，偶数（2の倍数）の個数を求めると，

　　　25÷2＝12.5だから，12個である。

　　　よって，奇数の個数は

　　　　25−12＝13（個）

📝memo　偶数と奇数

偶数…2でわり切れる数
奇数…2でわり切れない数

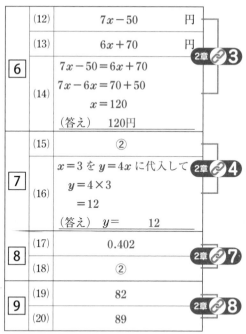

(2)①　6は偶数で，偶数は，奇数，偶数どちらとの積も偶数になる。

　　よって，6の倍数はすべて偶数である。

　　$6\times1=6,\ 6\times2=12,\ 6\times3=18,\ \cdots\cdots$
　　　　　偶数　　　　　偶数　　　　　偶数

② 7は奇数で，奇数は，奇数との積は奇数だが，偶数との積は偶数になる。

$$7 \times 1 = 7, \quad 7 \times 2 = 14, \quad 7 \times 3 = 21, \quad \cdots\cdots$$

奇数　　　　偶数　　　　奇数

📝memo🖊 奇数，偶数の和と積

奇数＋奇数＝偶数　　奇数×奇数＝奇数
偶数＋奇数＝奇数　　偶数×奇数＝偶数
偶数＋偶数＝偶数　　偶数×偶数＝偶数
偶数の倍数は，偶数になる。
奇数の倍数は，偶数，奇数の両方の場合がある。

③ 8の約数は，8をわり切ることができる整数だから，1，2，4，8である。
　　　　　　　↑奇数

④ 9の約数は，9をわり切ることができる整数だから，1，3，9で，すべて奇数である。

2 (3) （立方体の体積）＝（1辺）×（1辺）×（1辺）にあてはめる。

$$6 \times 6 \times 6 = 216 (cm^3)$$

(4) （直方体の体積）＝（縦）×（横）×（高さ）にあてはめる。

直方体から直方体を切り取った立体とみると，

$$8 \times (2+3+3) \times 2 - 4 \times 3 \times 2$$
$$= 128 - 24 = 104 (cm^3)$$

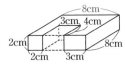

［別解］　下の図のように，3つの直方体に分けて考えることもできる。

① $8 \times 2 \times 2 + (8-4) \times 3 \times 2 + 8 \times 3 \times 2$
$$= 32 + 24 + 48 = 104 (cm^3)$$

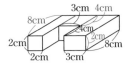

② $4 \times 2 \times 2 + 4 \times 3 \times 2$
$$+ (8-4) \times (2+3+3) \times 2$$
$$= 16 + 24 + 64 = 104 (cm^3)$$

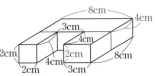

3 (5) （比べる量）
＝（もとにする量）×（割合）にあてはめる。

比べる量…野球部に入っている生徒数
もとにする量…部活動を行っている生徒数260人
割合…15％→0.15
　　よって，野球部に入っている生徒数は，$260 \times 0.15 = 39$（人）

(6) $（割合）＝\dfrac{（比べる量）}{（もとにする量）}$にあてはめる。

比べる量…運動部に入っている生徒数182人
もとにする量…部活動を行っている生徒数260人

よって，$\dfrac{182}{260} \times 100 = 70 (\%)$

📝memo🖊 百分率

割合を表す小数	1	0.1	0.01	0.001
百分率	100%	10%	1%	0.1%

×100

4 (7)　白のひもの長さ$2\dfrac{2}{3}$mを$\dfrac{8}{9}$mずつに切り分けるから，$\dfrac{8}{9}$でわる。

$$2\dfrac{2}{3} \div \dfrac{8}{9} = \dfrac{8}{3} \div \dfrac{8}{9}$$
$$= \dfrac{8}{\underset{1}{3}} \times \dfrac{\overset{3}{9}}{8}$$
$$= 3 （本）$$

(8)　(黒のひもの長さ)

$= ($白のひもの長さ$) \times \dfrac{3}{10}$ にあてはめる。

黒のひもの長さは

$2\dfrac{2}{3} \times \dfrac{3}{10} = \dfrac{8}{3} \times \dfrac{3}{10} = \dfrac{4}{5}$（m）

(9)　(赤のひもの長さ)

$= ($白のひもの長さ$) \times ($■倍$)$ にあてはめて，

$\dfrac{4}{15} = 2\dfrac{2}{3} \times$ ■

■ $= \dfrac{4}{15} \div 2\dfrac{2}{3} = \dfrac{4}{15} \times \dfrac{3}{8} = \dfrac{1}{10}$（倍）

⑤ (10)　半径は直径の半分だから，カンガルー

金貨の半径は

$80 \div 2 = 40$（cm）

半径が 40cm の円の面積は

$40 \times 40 \times 3.14 = 5024$（cm^2）

(11)　1 円硬貨の半径は $20 \div 2 = 10$（mm）

単位を cm にそろえると，

10mm＝1cm だから，その面積は

$1 \times 1 \times 3.14 = 3.14$（cm^2）

よって，$5024 \div 3.14 = 1600$（倍）

⑥ (12)　(代金)＝(単価)×(個数) より，
　　　　　　　　　└─1 個の値段

式をつくる。

1 個 x 円のプリン 7 個の代金は，

$x \times 7 = 7x$（円）

(持っているお金)

$= ($プリン 7 個の代金$) - 50$ より，

持っているお金は，

$7x - 50$（円）……①

(13)　(持っているお金)

$= ($プリン 6 個の代金$) + 70$ より，

持っているお金は，

$6x + 70$（円）……②

(14)　①，②は両方とも持っているお金を表

しているので，①＝②として，方程式を

解く。

⑦ (15)　y が x の関数であるのは②で，x と y

の関係を式で表すと，$y = 4x$

(16)　(15)で求めた式 $y = 4x$ に $x = 3$ を代入

して，y の値を求める。

> 📝memo✐ 関数の定義
>
> ともなって変わる 2 つの変数 x，y に
> ついて，x の値を決めると，それに対応
> して y の値がただ 1 つに決まるとき，y
> は x の関数であるという。

⑧ (17)　(相対度数)

$= ($表向きの回数$) \div ($投げた回数$)$

より求める。

$2010 \div 5000 = 0.402$

(18)　下のように，相対度数は投げた回数を

増やすごとにばらつきは小さくなり，

0.4 に近づく。

投げた 回数(回)	50	100	1000	3000	5000	7000
表向きの 回数(回)	18	45	389	1215	2010	2800
表向きの 相対度数	0.360	0.450	0.389	0.405	0.402	0.400

$\quad\quad +0.09 \quad -0.061 \quad +0.016 \quad -0.003 \quad -0.002$

⑨ (19)　それぞれの位の数の 2 乗をたして，

【109】＝$1^2 + 0^2 + 9^2 = 1 + 0 + 81 = 82$

(20)　まず，37 のそれぞれの位の数の 2 乗

をたして，【37】の値を求める。

【37】＝$3^2 + 7^2 = 9 + 49 = 58$

次に，【37】の値である 58 のそれぞれ

の位の数の 2 乗をたして，【58】の値を

求める。

【【37】】＝【58】

$= 5^2 + 8^2 = 25 + 64 = 89$

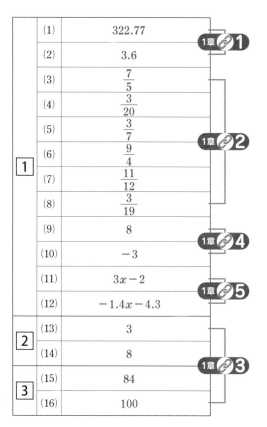

1	(1)	322.77
	(2)	3.6
	(3)	$\dfrac{7}{5}$
	(4)	$\dfrac{3}{20}$
	(5)	$\dfrac{3}{7}$
	(6)	$\dfrac{9}{4}$
	(7)	$\dfrac{11}{12}$
	(8)	$\dfrac{3}{19}$
	(9)	8
	(10)	-3
	(11)	$3x-2$
	(12)	$-1.4x-4.3$
2	(13)	3
	(14)	8
3	(15)	84
	(16)	100

1章 ① / 1章 ② / 1章 ④ / 1章 ⑤ / 1章 ③

4	(17)	2 ： 7
	(18)	15 ： 14
5	(19)	9
	(20)	55
6	(21)	$x=$　5
	(22)	$x=$　-5
7	(23)	31　m
	(24)	14
	(25)	エ
	(26)	7
	(27)	-23
	(28)	$y=$　$-3x$
	(29)	$y=$　-4
	(30)	16　cm

1章 ③ / 1章 ⑥ / 1章 ⑨ / 1章 ⑧ / 1章 ⑨ / 1章 ⑤ / 1章 ⑦ / 1章 ⑧

◇◆◇5級1次（計算技能検定）◇◆◇　**解説**　◇◆◇

1 (1) 小数点を考えずに計算する。かける数とかけられる数の小数点から下のけた数の和の2だけ，積の小数点を移す。

```
    6 0 9
  × 0.5 3
  ─────────
    1 8 2 7
  3 0 4 5
  ─────────
  3 2 2.7 7
```

(2) わる数が整数になるように，わる数とわられる数の小数点を同じけた数だけ右に移して，計算する。商の小数点は，移した小数点にそろえてうつ。

```
         3.6
  2.4)8.6 4
     7 2
     ─────
     1 4 4
     1 4 4
     ─────
         0
```

(3) **分母が異なる分数の加法・減法は，通分して計算する。**

$$\frac{1}{2}+\frac{9}{10}=\frac{5}{10}+\frac{9}{10}=\frac{\overset{7}{\cancel{14}}}{\underset{5}{\cancel{10}}}=\frac{7}{5}$$

　　　2と10の最小公倍数

(4) $\dfrac{2}{5}-\dfrac{1}{4}=\dfrac{8}{20}-\dfrac{5}{20}=\dfrac{3}{20}$

(5) 計算のとちゅうで約分できるときは約分する。

$$\frac{2}{3}\times\frac{9}{14}=\frac{\overset{1}{\cancel{2}}}{\underset{1}{\cancel{3}}}\times\frac{\overset{3}{\cancel{9}}}{\underset{7}{\cancel{14}}}=\frac{3}{7}$$

(6)　**分数でわる計算は，わる数の逆数をかけて乗法に直す。**

$$\frac{7}{8} \div \frac{7}{18} = \frac{\overset{1}{7}}{\underset{4}{8}} \times \frac{\overset{9}{18}}{\underset{1}{7}} = \frac{9}{4}$$

(7)　**帯分数は仮分数に直し，除法は乗法に直して計算する。**

$$\frac{55}{63} \times 1\frac{1}{6} \div 1\frac{1}{9} = \frac{55}{63} \times \frac{7}{6} \div \frac{10}{9}$$

$$= \frac{55}{\underset{1}{\overset{11}{63}}} \times \frac{\overset{1}{7}}{6} \times \frac{\overset{9}{9}}{\underset{2}{10}} = \frac{11}{12}$$

(8)　**（　）の中を先に計算する。**

$$\frac{15}{19} \times \left(\frac{13}{15} - \frac{2}{3}\right) = \frac{15}{19} \times \left(\frac{13}{15} - \frac{10}{15}\right)$$

$$= \frac{\overset{1}{15}}{19} \times \frac{3}{\underset{1}{15}} = \frac{3}{19}$$

(9)　**正負の数の減法は，ひく数の符号を変えて加法に直す。**

$$-13 - (-19) + 2 = -13 + 19 + 2$$

$$= -13 + 21 = 8$$

(10)　**まず，累乗の計算をする。**

$$-3^2 = -(3 \times 3) = -9$$

だから，$27 \div (-3^2) = 27 \div (-9) = -3$

(11)　**かっこをはずして，文字の項どうし，数の項どうしを計算する。**

$$9x - 7 - (6x - 5) = 9x - 7 - 6x + 5$$

$$= 9x - 6x - 7 + 5$$

$$= (9 - 6)x - 7 + 5$$

$$= 3x - 2$$

(12)　**分配法則でかっこをはずし，文字の項どうし，数の項どうしを計算する。**

$$0.9(2x - 7) + 0.4(-8x + 5)$$

$$= 0.9 \times 2x + 0.9 \times (-7)$$

$$\qquad\qquad + 0.4 \times (-8x) + 0.4 \times 5$$

$$= 1.8x - 6.3 - 3.2x + 2$$

$$= 1.8x - 3.2x - 6.3 + 2$$

$$= -1.4x - 4.3$$

② 　それぞれの数をわり切ることができる最大の整数が最大公約数である。

(13)　9 の約数は，1，③　9
21 の約数は，1，③　7，21
よって，最大公約数は 3

(14)　16 の約数は，1，2，4，⑧　16
24 の約数は，1，2，3，4，6，⑧　12，24
48 の約数は，1，2，3，4，6，⑧　12，16，24，48
よって，最大公約数は 8

③ 　公倍数のうち，最小の数が最小公倍数である。

(15)　12 の倍数は，12，24，36，48，60，72，㊸，96，…
14 の倍数は，14，28，42，56，70，㊸，98，…
よって，最小公倍数は 84

(16)　10 の倍数は，10，20，30，40，50，60，70，80，90，⑩⓪，110，…
20 の倍数は，20，40，60，80，⑩⓪，120，…
25 の倍数は，25，50，75，⑩⓪，125，…
よって，最小公倍数は 100

④ (17)　比の前の数と後ろの数の最大公約数でわる。
8 と 28 の最大公約数は 4 だから，
$8 : 28 = (8 \div 4) : (28 \div 4) = 2 : 7$

(18)　分母の 6 と 9 の最小公倍数 18 を，比の前の数と後ろの数にかけて，

$$\frac{5}{6} : \frac{7}{9} = \left(\frac{5}{6} \times 18\right) : \left(\frac{7}{9} \times 18\right) = 15 : 14$$

［別解］　通分して，分子の比を求めてもよい。

$$\frac{5}{6} : \frac{7}{9} = \frac{15}{18} : \frac{14}{18} = 15 : 14$$

⑤ ⒆ 比の後ろの数どうしを比べると，

$16 \times 3 = 48$ ◀3倍

比の前の数どうしも3倍となり，

$3 \times 3 = \square$，$\square = 9$

［別解①］　比の値が等しいことを利用する。$a:b=c:d$ のとき，$\dfrac{a}{b}=\dfrac{c}{d}$

$\dfrac{3}{16}=\dfrac{\square}{48}$，$\square = \dfrac{3}{16} \times \overset{3}{\underset{1}{48}} = 9$

［別解②］　（外項の積）＝（内項の積）を利用する。$a:b=c:d$ のとき，$ad=bc$

$3 \times 48 = 16 \times \square$，$\square = 9$

⒇ $0.6 : 3.3$ を整数の比に直すと，

$0.6 : 3.3 = (0.6 \times 10) : (3.3 \times 10) = 6 : 33$

よって，$6 : 33 = 10 : \square$，$\square = 55$

⑥ ㉑ 文字の項を左辺に，数の項を右辺に移項し，両辺をそれぞれ計算する。最後に，文字の項の係数で両辺をわる。

$2x + 3 = 5x - 12$ ⎱移項

$2x - 5x = -12 - 3$ ⎱両辺を計算する

$-3x = -15$ ⎱xの係数 -3 で両辺をわる

$x = 5$

㉒ 両辺に分母の最小公倍数8をかけて，分母をはらう。

$\dfrac{3x+1}{4} = \dfrac{5x-3}{8}$ ⎱両辺に8をかけて分母をはらう

$2(3x+1) = 5x - 3$ ⎱かっこをはずす

$6x + 2 = 5x - 3$ ⎱移項

$6x - 5x = -3 - 2$ ⎱両辺を計算する

$x = -5$

⑦ ㉓ （平均）＝（合計）÷（個数）だから，

$(30 + 32 + 32 + 28 + 33) \div 5$

$= 155 \div 5 = 31 \,(\mathrm{m})$

㉔ 角柱の頂点の数は，

（底面の頂点の数）$\times 2$

よって，七角柱の頂点の数は，

$7 \times 2 = 14$

㉕ 右の図のように，$CH = DH$ となる点はエ。

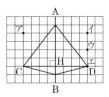

㉖ 最頻値は，資料の中でもっとも多く現れる値だから，7

1, 3, 4, 6, 7, 7, 9, 10
① ① ① ① ② ① ①

㉗ -8 を（　）をつけて代入して，

$4x + 9 \Rightarrow 4 \times (-8) + 9 = -32 + 9 = -23$

㉘ y が x に比例するとき，式を $y = ax$（a は比例定数）とおく。

$y = ax$ に $x = 7$，$y = -21$ を代入して，

$-21 = a \times 7$，$a = -3$

よって，$y = -3x$

㉙ y が x に反比例するとき，式を $y = \dfrac{a}{x}$（a は比例定数）とおく。

$y = \dfrac{a}{x}$ に $x = -3$，$y = 8$ を代入して，

$8 = \dfrac{a}{-3}$，$a = -24$

よって，式は $y = -\dfrac{24}{x}$

この式に，$x = 6$ を代入して，

$y = -\dfrac{24}{6} = -4$

㉚ △ABC の辺 BC と，△DCE の辺 CE が重なるのは，点 B が点 C まで移動したときだから，矢印の向きに16cm平行移動させればよい。

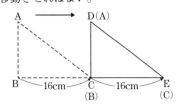

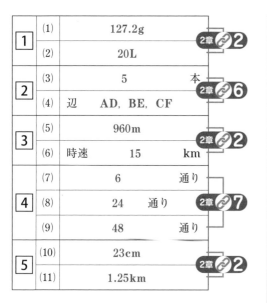

1	(1)	127.2g	2章🔗2
	(2)	20L	
2	(3)	5　　本	2章🔗6
	(4)	辺　AD, BE, CF	
3	(5)	960m	2章🔗2
	(6)	時速　15　km	
4	(7)	6　通り	2章🔗7
	(8)	24　通り	
	(9)	48　通り	
5	(10)	23cm	2章🔗2
	(11)	1.25km	

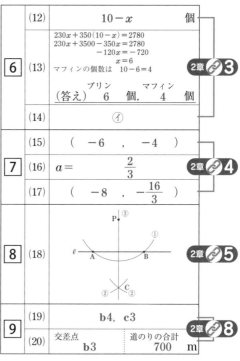

6	(12)	$10-x$　個	2章🔗3
	(13)	$230x+350(10-x)=2780$ $230x+3500-350x=2780$ $-120x=-720$ $x=6$ マフィンの個数は　$10-6=4$ （答え）プリン　6　個，　マフィン　4　個	
	(14)	⑦	
7	(15)	（　-6　，　-4　）	2章🔗4
	(16)	$a=\dfrac{2}{3}$	
	(17)	（　-8　，　$-\dfrac{16}{3}$　）	
8	(18)	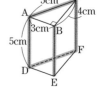	2章🔗5
9	(19)	b4, c3	2章🔗8
	(20)	交差点　b3　｜　道のりの合計　700　m	

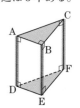

◇◆◇5級2次（数理技能検定）◇◆◇　解説　◇◆◇

1 (1)　1Lの海水から26.5gの塩がとれるから，4.8Lでは$26.5×4.8=127.2(g)$の塩がとれる。

×4.8　┌─ 1L ……26.5g ─┐ ×4.8
　　　└→ 4.8L……□g ←┘

(2)　530gは26.5gの何倍かを考える。
$530÷26.5=20(倍)$

×20　┌─ 1L ……26.5g ─┐ ×20
　　　└→ □L……530g ←┘

よって，530gの塩をとり出すためには20Lの海水が必要である。

2 (3)　長さが5cmの辺は右の図のように，辺ACと，辺ACと平行な辺DF
また，辺ADと，辺ADと平行な辺BE，CF
よって，長さが5cmの辺は5本ある。

(4)　右の図のように底面△ABC，△DEFと，側面の辺AD，BE，CFは垂直である。

3 (5) （道のり）＝（速さ）×（時間）を利用する。
速さが分速80m，かかった時間が
12分で，単位は「分」でそろっている。
よって，このまま公式にあてはめて，
$80 \times 12 = 960$（m） ◀何mで答えるので，答えはこのまま

(6) （速さ）＝（道のり）÷（時間）を利用する。
「時速何km」とかときれているので，
5kmはそのままで，「分」を「時間」に
直す。

20分を時間に直すと $\frac{20}{60} = \frac{1}{3}$（時間）

よって，公式にあてはめて

$5 \div \frac{1}{3} = 5 \times 3 = 15$

したがって，時速15km。

> **ミス注意!! 単位を確認する習慣を！**
> $5 \div 20 = 0.25$ と計算し，そのまま「時速0.25km」と答えてはいけない。
> この計算で求められたのは「分速0.25km」なので，時速に変える必要がある。
> $0.25 \times 60 = 15$（km）
> よって，時速15kmとすればよい。

> **memo 速さ・時間・道のりの関係**
> （速さ）×（時間）＝（道のり）
> （道のり）÷（速さ）＝（時間）
> （道のり）÷（時間）＝（速さ）
>

4 (7) 残りのB，C，Dの席にみさきさん，弟，妹が座る座り方は次のように6通りある。

(8) 残りのA，B，C，Dの席に父，みさきさん，弟，妹が座る座り方を考える。Aの席に父が座る場合，次のように6通りある。

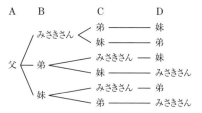

Aの席にみさきさん，弟，妹が座る場合も同様に6通りずつあるので，座り方は全部で，
$6 \times 4 = 24$（通り）

(9) (8)より母が運転席に座る場合が24通り。父が運転席に座る場合も同様に24通りある。
よって，5人の座り方は全部で，
$24 \times 2 = 48$（通り）

> **ミス注意!! 運転席に座るのは父と母だけ！**
> 5人の座り方を
> $24 \times 5 = 120$（通り） ◀×
> とする間違いに注意する。これでは，運転席にみさきさん，弟，妹が座る場合も含んでしまう。

5 (10) 地図上の長さは，実際の長さの $\frac{1}{25000}$ 倍だから，
$5750 \times \frac{1}{25000} = 0.23$（m）
0.23m＝23cm

(11) 実際の長さは，地図上の長さの25000倍だから，
$5 \times 25000 = 125000$（cm）
125000cm＝1250m＝1.25km

miss ミス注意!! 125000cm と答えてはダメ!

「実際の距離は何 km ですか。」とあるので，cm を km に直して答える。

memo 単位の関係

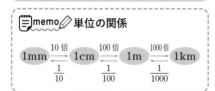

$$1mm \xrightarrow[\frac{1}{10}]{10倍} 1cm \xrightarrow[\frac{1}{100}]{100倍} 1m \xrightarrow[\frac{1}{1000}]{1000倍} 1km$$

6 (12) 「プリンとマフィンを合わせて10個買いました。」より，個数の関係を式にする。

(マフィンの個数)
=10−(プリンの個数)
よって，マフィンの個数は
10−x(個)　……①

(13) (代金)=(単価)×(個数)より，
　　　　　　　　└─1個の値段

1個230円のプリン x 個の代金は
$230x$(円)

1個350円のマフィン 10−x(個)の代金は $350(10-x)$(円)

代金の合計が2780円より，方程式をつくり，プリンとマフィンの個数を求める。

(14) プリン a 個，マフィン b 個の代金の合計は $230a+350b$(円)だから，

$5000-(230a+350b)$(円)はプリン a 個，マフィン b 個を買って，5000円出したときのおつりを表している。

$A≧B$ は「A は B 以上」であることを表しているので，

$5000-(230a+350b)≧1500$ はプリン a 個，マフィン b 個を買って，5000円出したときのおつりが1500円以上であることを表している。

7 (15) $y=\dfrac{24}{x}$ に，$x=-6$ を代入して，

$$y=\frac{24}{-6}=-4$$

よって，A の座標は$(-6, -4)$

(16) $y=ax$ にグラフ上の点 A の座標
$x=-6$，$y=-4$ の値を代入して，

$$-4=-6a, \quad a=\frac{2}{3}$$

(17) 点 B は(16)で求めた $y=\dfrac{2}{3}x$ 上の点であるから，$y=\dfrac{2}{3}x$ に点 B の x 座標 $x=-8$ を代入して，$y=\dfrac{2}{3}\times(-8)=-\dfrac{16}{3}$

よって，B の座標は$\left(-8, -\dfrac{16}{3}\right)$

miss ミス注意!! グラフ上の点の座標はグラフの式を成り立たせる。

グラフの式は，グラフが通る点の座標を代入して求める。

比例，または，反比例のグラフの式は，グラフが通る1つの点の座標がわかれば求められる。

8 (18)

<言葉による説明>

❶ 点 P を中心として円をかき，直線 ℓ との交点を A，B とする。

❷ 点 A，B を中心として等しい半径の円をかき，その交点の1つを C とする。

❸ 直線 PC を引くと，これが求める直線である。

memo 🖊 基本の作図

(18)の垂線の作図のほかにも次のような基本の作図がある。

● 線分 AB の垂直二等分線

● ∠AOB の二等分線

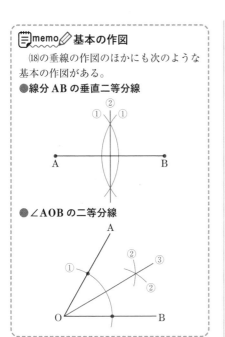

9 (19) 歩く道のりが300m以下になる交差点を，3人それぞれの道のりから考える。

① あゆみさんが歩く道のりが300m以下になるのは，右の図の〇で示した交差点である。

② いつきさんが歩く道のりが300m以下になるのは，右の図の〇で示した交差点である。

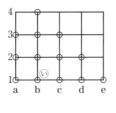

③ うめかさんが歩く道のりが300m以下になるのは，右の図の〇で示した交差点である。

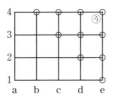

よって，①，②，③で共通する交差点は b4，c3。このとき，3人とも，それぞれ歩く道のりが300m以下になる。

(20) 2人ずつに分けて，それぞれの最短の道のりを考える。

① あゆみさんといつきさん

2人の歩く道のりの合計が最短となるのは300mのときで，右の図の〇で示した交差点が集合場所となる。

② いつきさんとうめかさん

2人の歩く道のりの合計が最短となるのは600mのときで，右の図の〇で示した交差点が集合場所となる。

③ あゆみさんとうめかさん

2人の歩く道のりの合計が最短となるのは500mのときで，右の図の〇で示した交差点が集合場所となる。

よって，①，②，③で共通する交差点は b3。このとき，3人の歩く道のりの合計は最短で，700m。

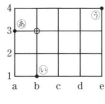

1	(1)	819.06	1章🔗**1**
	(2)	13.5	
	(3)	$\dfrac{11}{15}$	
	(4)	$\dfrac{1}{18}$	
	(5)	$\dfrac{4}{5}$	1章🔗**2**
	(6)	$\dfrac{3}{2}$	
	(7)	$\dfrac{4}{3}$	
	(8)	$\dfrac{1}{11}$	
	(9)	14	1章🔗**4**
	(10)	-144	
	(11)	$3x-2$	1章🔗**5**
	(12)	$\dfrac{64x-29}{14}$	
2	(13)	9	
	(14)	16	1章🔗**3**
3	(15)	84	
	(16)	360	

4	(17)	3 ： 8	
	(18)	8 ： 5	1章🔗**3**
5	(19)	8	
	(20)	9	
6	(21)	$x=$　　8	1章🔗**6**
	(22)	$x=$　　-3	
7	(23)	72　　点	1章🔗**9**
	(24)	18	1章🔗**8**
	(25)	ア	
	(26)	3	1章🔗**9**
	(27)	16	1章🔗**5**
	(28)	$y=$　　$-2x$	1章🔗**7**
	(29)	$y=$　　-5	
	(30)	5　　cm	1章🔗**8**

◇◆◇5級1次(計算技能検定)◇◆◇ **解説** ◇◆◇

1 (1)　小数点を考えずに筆算する。かけられる数とかける数の，小数点から下のけた数の和と同じだけ，積の小数点を左に移す。

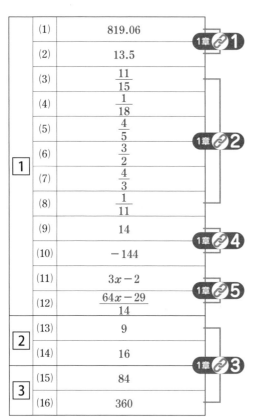

(2)　わる数が整数になるように，わる数とわられる数の小数点を，同じ数だけ右に移して計算する。商の小数点は，移した小数点にそろえてうつ。

(3)　**分母が異なる分数の加法・減法は，通分して計算する。**

$$\frac{1}{3}+\frac{2}{5}=\frac{5}{15}+\frac{6}{15}=\frac{11}{15}$$

(4)　$\dfrac{8}{9}-\dfrac{5}{6}=\dfrac{16}{18}-\dfrac{15}{18}=\dfrac{1}{18}$

(5)　**帯分数は仮分数に直して計算する。**

$$\frac{18}{35}\times1\frac{5}{9}=\frac{\overset{2}{\cancel{18}}}{35}\times\frac{\overset{2}{\cancel{14}}}{\underset{1}{\cancel{9}}}=\frac{4}{5}$$

(6)　**分数でわる計算は，わる数の逆数をかける。**

$$\frac{8}{13}\div\frac{16}{39}=\frac{\overset{1}{\cancel{8}}}{13}\times\frac{\overset{3}{\cancel{39}}}{\underset{2}{\cancel{16}}}=\frac{3}{2}$$

(7) $1\frac{2}{5}\div\frac{4}{5}\times\frac{16}{21}$

$=\frac{\overset{1}{\cancel{7}}}{\underset{1}{\cancel{5}}}\times\frac{\overset{1}{\cancel{5}}}{\underset{1}{\cancel{4}}}\times\frac{\overset{4}{\cancel{16}}}{\underset{3}{\cancel{21}}}=\frac{4}{3}$

(8) **( )の中を先に計算する。**

$\frac{1}{12}\div\left(\frac{1}{4}+\frac{2}{3}\right)=\frac{1}{12}\div\left(\frac{3}{12}+\frac{8}{12}\right)$

$=\frac{1}{12}\div\frac{11}{12}=\frac{1}{\underset{1}{\cancel{12}}}\times\frac{\overset{1}{\cancel{12}}}{11}=\frac{1}{11}$

(9) 正負の数の減法は，ひく数の符号を変えて加法に直す。

$-10+19-(-5)=-10+19+5$

$=-10+24=14$

(10) **まず，累乗の計算をする。**

$-2^4=-(2\times2\times2\times2)=-16$

$(-3)^2=(-3)\times(-3)=9$

だから，

$-2^4\times(-3)^2=-16\times9=-144$

ミス注意!! 累乗の指数の位置に注意

~~$-2^4=+16$~~ ◀間違い

$-2^4=-(2\times2\times2\times2)=-16$

(11) 分配法則でかっこをはずして，文字の項どうし，数の項どうしを計算する。

$3(7x-4)-2(9x-5)$

$=3\times7x+3\times(-4)-2\times9x-2\times(-5)$

$=21x-12-18x+10$

$=21x-18x-12+10$

$=3x-2$

(12) 分母の2と7の最小公倍数14で通分する。

$\frac{8x-5}{2}+\frac{4x+3}{7}$

$=\frac{7(8x-5)}{14}+\frac{2(4x+3)}{14}$

$=\frac{56x-35+8x+6}{14}=\frac{64x-29}{14}$

2 それぞれの数をわり切ることができる最大の整数が最大公約数である。

(13) 27の約数は，1，3，⑨，27

45の約数は，1，3，5，⑨，15，45

よって，最大公約数は9

(14) 48の約数は，1，2，3，4，6，8，12，⑯，24，48

64の約数は，1，2，4，8，⑯，32，64

112の約数は，1，2，4，7，8，14，⑯，28，56，112

よって，最大公約数は16

3 公倍数のうち，最小の数が最小公倍数である。

(15) 21の倍数は，21，42，63，(84)，105，…

28の倍数は，28，56，(84)，112，…

よって，最小公倍数は84

(16) 24の倍数は，24，48，72，96，120，144，168，192，216，240，264，288，312，336，(360)，384，…

36の倍数は，36，72，108，144，180，216，252，288，324，(360)，396，…

60の倍数は，60，120，180，240，300，(360)，420，…

よって，最小公倍数は360

4 (17) 比の前の数21と後ろの数56の最大公約数7でわる。

$21:56=(21\div7):(56\div7)=3:8$

(18) 分母の5と4の最小公倍数20を，比の前の数と後ろの数にかけて，

$\frac{2}{5}:\frac{1}{4}=\left(\frac{2}{5}\times20\right):\left(\frac{1}{4}\times20\right)=8:5$

［別解］ 通分して，分子の比を求めてもよい。

$\frac{2}{5}:\frac{1}{4}=\frac{8}{20}:\frac{5}{20}=8:5$

5 (19)　比の前の数どうしを比べると，

9×4＝36 ◀4倍

比の後ろの数どうしも4倍となり，

2×4＝□，□＝8

［別解①］　比の値が等しいことを利用する。$a:b=c:d$ のとき，$\dfrac{a}{b}=\dfrac{c}{d}$

$\dfrac{9}{2}=\dfrac{36}{□}$，□＝36×2÷9＝8

［別解②］　（外項の積）＝（内項の積）を利用する。$a:b=c:d$ のとき，$ad=bc$

9×□＝2×36，□＝8

(20)　整数の比に直す。

1.2：2＝(1.2×10)：(2×10)

＝12：20＝3：5

3倍

よって，3：5＝□：15，□＝9

3倍

［別解］　比の値が等しいこと，（外項の積）＝（内項の積）を利用してもよい。

6 (21)　文字の項を左辺に，数の項を右辺に移し，両辺をそれぞれ計算する。最後に，文字の項の係数で両辺をわる。

15x－14＝11x＋18 ┐移項

15x－11x＝18＋14 ┐両辺を計算する

4x＝32 ┐x の係数4で両辺をわる

x＝8

(22)　小数を整数に直す。

2x＋0.5＝1.3x－1.6 ┐両辺に10をかける

20x＋5＝13x－16 ┐移項

20x－13x＝－16－5 ┐両辺を計算する

7x＝－21 ┐x の係数7で両辺をわる

x＝－3

7 (23)　（平均）＝（合計）÷（個数）だから，

(65＋71＋80＋55＋89)÷5

＝360÷5＝72(点)

(24)　n 角柱の辺の数は，$n×3$

よって，六角柱の辺の数は，

6×3＝18

(25)　下の図のように，

2CH＝FI，2AH＝DI となる点はア。

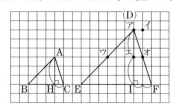

(26)　最頻値は，資料の中でもっとも多く現れる値だから，3

1, 2, 3, 3, 4, 5, 7, 9
① ① ① ② ① ① ① ①

(27)　負の数は，（　）をつけて代入する。

－3x－2 ⇒ －3×(－6)－2＝18－2＝16

(28)　y が x に比例するとき，式を $y=ax$（a は比例定数）とおく。

$y=ax$ に $x=-6$，$y=12$ を代入して，

12＝a×(－6)，a＝－2

よって，$y=-2x$

(29)　y が x に反比例するとき，式を $y=\dfrac{a}{x}$（a は比例定数）とおく。

$y=\dfrac{a}{x}$ に $x=-4$，$y=10$ を代入して，

10＝$\dfrac{a}{-4}$，a＝－40

よって，式は $y=-\dfrac{40}{x}$

この式に，$x=8$ を代入して，

$y=-\dfrac{40}{8}=-5$

(30)　△ABC の点 A は点 D，点 B は点 E，点 C は点 F に移動するので，距離は5cm。

1	(1)	45cm
	(2)	6　枚
2	(3)	42cm²
	(4)	20cm²
3	(5)	20.8　点
	(6)	25　点
4	(7)	$\dfrac{42}{55}$
	(8)	$\dfrac{28}{25}$
5	(9)	7 : 8
	(10)	360cm
	(11)	短いロープ 120cm　長いロープ 330cm

2章🔗1 (1)(2)
2章🔗5 (3)(4)
2章🔗7 (5)(6)
2章🔗1 (7)(8)
2章🔗2 (9)(10)(11)

6	(12)	$6x-18$　枚
	(13)	$4x+58$　枚
	(14)	$6x-18=4x+58$ $6x-4x=58+18$ $2x=76$ $x=38$ よって，色紙の枚数は $6\times38-18=210$ 生徒　色紙 (答え) 38 人, 210 枚
7	(15)	$y=　-3x$
	(16)	$-24\leqq y\leqq18$
8	(17)	辺　BC, CD
	(18)	$\dfrac{1}{3}\times5^2\times7=\dfrac{175}{3}$ (答え) $\dfrac{175}{3}$ cm³
9	(19)	a　7　b　8
	(20)	c　3　d　3　e　4

2章🔗3 (12)(13)(14)
2章🔗4 (15)(16)
2章🔗6 (17)(18)
2章🔗8 (19)(20)

※(19)(20)は，それぞれ数の順序が
入れかわっていても正解。

◇◆◇5級2次(数理技能検定)◇◆◇ **解説** ◇◆◇

1(1) 正方形の1辺の長さが，長方形の縦の
長さと横の長さの最大公約数になるよう
にする。

　90の約数は，1, 2, 3, 5, 6, 9, 10,
　15, 18, 30, 45, 90
　135の約数は，1, 3, 5, 9, 15, 27,
　45, 135
　90と135の最大公約数は45
　よって，1辺の長さは45cm。

(2) 45cmの正方形に切り分けると，右の
図のように，
　縦90÷45=2
　横135÷45=3
で2×3=6(枚)の
正方形ができる。

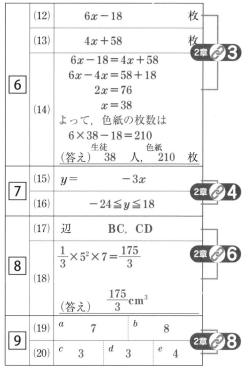

2(3) (平行四辺形の面積)=(底辺)×(高さ)
にあてはめる。
　底辺が7cm,
高さが6cm
の平行四辺形
だから，面積は
　7×6=42(cm²)

(4) （三角形の面積）＝（底辺）×（高さ）÷2 **にあてはめる。**

底辺が8cm, 高さが5cm の三角形だから, 面積は

高さ 5cm
6cm
8cm 底辺

$$8 \times 5 \div 2 = 20 (cm^2)$$

3 (5) （平均）＝（合計）÷（個数）**により, 求める。**

1試合めから5試合めまでの合計得点が104点だから, 1試合めから5試合めまでの平均は

$$104 \div 5 = 20.8 (点)$$

(6) （合計）＝（平均）×（個数）**により,** 1試合めから6試合めまでの合計得点は,

$$21.5 \times 6 = 129 (点)$$

よって, 6試合めの得点は

$$129 - 104 = 25 (点)$$

4 (7) ある分数を x とすると, $\dfrac{15}{22}$ をかけた結果が $\dfrac{63}{121}$ だから

$$x \times \dfrac{15}{22} = \dfrac{63}{121}$$

分数でわる計算は, わる数の逆数をかける。

$$x = \dfrac{63}{121} \div \dfrac{15}{22} = \dfrac{\overset{21}{\cancel{63}}}{\underset{11}{\cancel{121}}} \times \dfrac{\overset{2}{\cancel{22}}}{\underset{5}{\cancel{15}}} = \dfrac{42}{55}$$

(8) (7)より, ある分数は $\dfrac{42}{55}$ だから, 正しい計算結果は

$$\dfrac{42}{55} \div \dfrac{15}{22} = \dfrac{\overset{14}{\cancel{42}}}{\underset{5}{\cancel{55}}} \times \dfrac{\overset{2}{\cancel{22}}}{\underset{5}{\cancel{15}}} = \dfrac{28}{25}$$

5 (9) 比を簡単にするには, 比の前の数と後ろの数をわり切れる数で, 順にわっていく。

2でわる
$$196 : 224 = 98 : 112$$
2でわる

2でわる
$$98 : 112 = 49 : 56$$
2でわる

7でわる
$$49 : 56 = 7 : 8$$
7でわる

［別解］ 196 と 224 の最小公倍数 28 でわってもよい。

$$(196 \div 28) : (224 \div 28) = 7 : 8$$

(10) $a : b = c : d$ **ならば, $ad = bc$ を利用する。**

長いほうのロープの長さを $x$cm とすると,

$$5 : 9 = 200 : x$$
$$5x = 9 \times 200$$
$$x = 360 (cm)$$

(11) 短いほうのロープの長さは 450cm のロープ全体の

$$\dfrac{4}{4+11} = \dfrac{4}{15} にあたるから,$$

$$450 \times \dfrac{4}{15} = 120 (cm)$$

長いほうのロープの長さは 450cm のロープ全体の

$$\dfrac{11}{4+11} = \dfrac{11}{15} にあたるから,$$

$$450 \times \dfrac{11}{15} = 330 (cm)$$

または,

（長いほうのロープの長さ）
＝450－（短いほうのロープの長さ）

より, $450 - 120 = 330 (cm)$

［別解］ 比の計算で求めることもできる。

短いほうのロープの長さを $x$cm とすると,

$$450 : x = (4 + 11) : 4$$
$$15x = 450 \times 4$$
$$x = 120$$

よって，短いほうのロープの長さは 120cm。

長いほうのロープの長さは

$$450 - 120 = 330 \,(\text{cm})$$

6 ⑿　1人に6枚ずつ x 人に配ると18枚たりないから，色紙の枚数は

$$6x - 18 \,(\text{枚}) \quad \cdots\cdots ①$$

⒀　1人に4枚ずつ x 人に配ると58枚あまるから，色紙の枚数は

$$4x + 58 \,(\text{枚}) \quad \cdots\cdots ②$$

⒁　①，②ともに色紙の枚数を表しているので，①＝②として，方程式をつくる。

$$6x - 18 = 4x + 58 \quad \text{移項}$$
$$6x - 4x = 58 + 18 \quad \text{両辺を計算する}$$
$$2x = 76 \quad \text{x の係数2で}$$
$$x = 38 \quad \text{両辺をわる}$$

よって，生徒の人数は38人，

色紙の枚数は

$$6 \times 38 - 18 = 210 \,(\text{枚})$$

> 📝memo✏ **線分図で考える。**
>
> ⑿，⒀で示した色紙の枚数を線分図で考えると，
>
>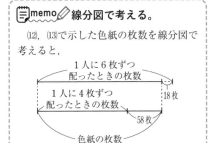

7 ⒂　y が x に**比例する**とき，式を $y = ax$（a は比例定数）とおく。

$y = ax$ に $x = -1$，$y = 3$ を代入して，

$$3 = a \times (-1), \quad a = -3$$

よって，$y = -3x$

> 📝memo✏ **比例定数を答えるミスに注意する！**
>
> $a = -3$ を求めて，-3 を答えてはダメ。問題文の指示のとおりに比例の式を答える。

⒃　**変域を求めるときは，グラフのおおよその形をかくとわかりやすい。**

⒂より，グラフは右の図のような右下がりの直線になる。

よって，$x = -6$ で最大値

$$y = (-3) \times (-6)$$
$$\quad = 18$$

$x = 8$ で最小値

$$y = (-3) \times 8$$
$$\quad = -24$$

となる。

したがって，y の変域は $-24 \leqq y \leqq 18$

> 📝memo✏ **比例の変域**
>
> 比例の式 $y = ax$ のグラフは $a > 0$ のとき，右上がりだから，
> x の変域が $● \leqq x \leqq ○$ なら
> y の変域は $a \times ● \leqq y \leqq a \times ○$
>
>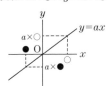
>
> $a < 0$ のとき，右下がりだから，
> x の変域が $● \leqq x \leqq ○$ なら
> y の変域は $a \times ○ \leqq y \leqq a \times ●$
>
>

8 (17) 空間内の2直線がねじれの位置にあるのは，2直線が平行でなく，交わらないときである。

・辺OAと平行な辺はない。

・辺OAと交わる辺は，辺OB，OC，OD，AB，ADの5本である。

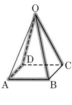

よって，辺OAとねじれの位置にある辺は辺BC，CDである。

(18) **角錐の体積の公式は**

$$(角錐の体積) = \frac{1}{3} \times (底面積) \times (高さ)$$

である。

底面は1辺が5cmの正方形だから，底面積は $5 \times 5 = 25(\text{cm}^2)$ ◀1辺×1辺

高さは7cm

これより，公式にあてはめる。

┌─────────────────────────────┐
│ 📝memo✏️ **錐体の体積の公式** │
│   │
│ $(錐体の体積) = \frac{1}{3} \times (底面積) \times (高さ)$ │
│   │
│ 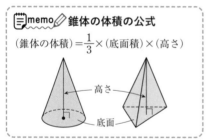   │
│   │
│   高さ   │
│   │
│   底面   │
└─────────────────────────────┘

9 (19) a，b を $a \leqq b$ として，2つの数の組 (a, b) を調べる。

b の最大値は a が1のときで，$b = 15 - 1 = 14$ である。

b が14のとき，

$\quad (a, b) = (1, 14) \qquad a \times b = 14$

b が13のとき，

$\quad (a, b) = (2, 13) \qquad a \times b = 26$

b が12のとき，

$\quad (a, b) = (3, 12) \qquad a \times b = 36$

b が11のとき，

$\quad (a, b) = (4, 11) \qquad a \times b = 44$

b が10のとき，

$\quad (a, b) = (5, 10) \qquad a \times b = 50$

b が9のとき，

$\quad (a, b) = (6, 9) \qquad a \times b = 54$

b が8のとき，

$\quad (a, b) = (7, 8) \qquad a \times b = 56$

よって，2つの数の組が$(7, 8)$のときに積は最大になる。

(20) c，d，e を $c \leqq d \leqq e$ として，3つの数の組 (c, d, e) を調べる。

e の最大値は c，d が1のときで，$e = 10 - 2 = 8$ である。

e が8のとき，

$\quad (c, d, e) = (1, 1, 8) \quad c \times d \times e = 8$

e が7のとき，

$\quad (c, d, e) = (1, 2, 7) \quad c \times d \times e = 14$

e が6のとき，

$\quad (c, d, e) = (1, 3, 6) \quad c \times d \times e = 18$

$\quad (c, d, e) = (2, 2, 6) \quad c \times d \times e = 24$

e が5のとき，

$\quad (c, d, e) = (1, 4, 5) \quad c \times d \times e = 20$

$\quad (c, d, e) = (2, 3, 5) \quad c \times d \times e = 30$

e が4のとき，

$\quad (c, d, e) = (2, 4, 4) \quad c \times d \times e = 32$

$\quad (c, d, e) = (3, 3, 4) \quad c \times d \times e = 36$

よって，3つの数の組が$(3, 3, 4)$のとき，積は最大になる。